酒徒之書

The Confession
of a
Whisky Drinker

喝懂、喝對！
威士忌老饕的敢言筆記

邱德夫——著

威士忌愛好者一定要入手的枕邊讀物。

———— 姚和成

蘇格蘭雙耳小酒杯執持者大師（Master Keeper of the Quaich）

「勤奮的探究細節、拚命的追求真理、勇敢的打破迷思」這是我覺得最適合描述相識許久的邱大哥的一句話；同時也是最適合描述這本書的一句話。有別於一般威士忌書總只專注於酒廠的特色介紹，《酒徒之書》探討了更多威士忌界的迷思與現象；其中更不乏直接挑戰酒商廣告的議題。我相信完讀此書後，你會發現你看待威士忌的視野會跟以往不同，且更加透徹！

———— 莊育霖

台灣單一麥芽威士忌品酒研究社現任理事長

酒是迷人的科學，而Dave是最專業的酒類科學家。他的知識總令我嘆服不已。

——— 工頭堅

米飯旅行社「酒鬼巴士」創辦人

邱德夫的書是帶我進入威士忌知識圈的重要著作，這本《酒徒之書》讀來就像跟一位知識淵博的朋友對飲閒談，一如品飲威士忌從來不是為了酒精，而是享受大腦與情緒的沉澱。

——— 徐豫（御姊愛）

威士忌KOL

《酒徒之書》是進入威士忌世界最好的指引，從入門到進階，威士忌的奧秘與樂趣盡在此書！

——— 陳志煌James

Fika Fika Cafe創辦人、北歐盃咖啡烘焙大賽冠軍、威士忌愛好者

推薦序
Forward

看看我推坑推出一個什麼樣的怪物來！

李正祜 David Li
格蘭父子洋酒行銷總監

　　這麼聳動的標題，其實是作者邱大規定我寫推薦序的開頭第一句，這樣厲害的規定，估計是想增加我逃脫責任的困難，所以……我還是乖乖認了！當初這本書的起心動念，的確是我又擠又弄推屁股的慫恿，加上邱大和我閒聊聊出的結果，原本打算兩人合力撰寫，想法是挑選市場上討論最多的威士忌話題，一端由我從行銷面說起，另一端則由邱大以知識來進行終結與破解（或說掃興？），只是想想若我參與了這樣的文本創作，應該會遭到同行憎恨蓋布袋，甚至冒著丟掉飯碗的風險，想到我嗷嗷待哺的四歲女兒，最後只好忍痛作罷，讓邱大一個人去冒險。

　　當初聊起這個概念時，起心動念是很簡單的，希望我們在彷彿沒有明天的拚酒之時，也能夠對於喝下肚的威士忌有更寬廣的了解，更樂於嘗試不同風味威士忌的可能。這麼說吧，台灣人喝掉很多威士忌，可是卻喝得「很窄」，此話怎講？台灣市場一年喝掉194萬箱（9L）[1]威士忌，而隔鄰的中國市場一年168萬箱（9L）──想想看這是什麼概念──2,300萬人口喝掉的威士忌遠比14億人口還多！而這194萬箱威士忌中，高達82%都是蘇格蘭威士忌，這有兩層涵義：一個是台灣人「懂得窄」，威士忌世界何其寬廣遼闊，而台灣人卻獨鍾蘇格蘭威士忌，但是

---

1. 蘇格蘭威士忌最常用的計量單位，邏輯是750mlx12瓶＝9 litter，台灣上市的威士忌以700ml為主，因此700mlx12瓶＝8.4 litter，對於剛入行的新手，每每換算9L時都要轉個腦袋。

我們對它的了解似乎很少，而往往只是被行銷幻術所迷惑；另一方面是「喝得窄」，例如美國傑克丹尼（Jack Daniel）、價平味美的加拿大皇冠（Crown Royal）和愛爾蘭尊美醇（Jameson），都是全球銷售Top 5的威士忌，自有其值得鑑賞的理由和欣賞之處，但是在台灣，來自此三地的威士忌市場占有率卻低到僅有2%[2]。

我們很希望能夠盡點力量，用知識給消費者多一個選擇——你喝，你也懂。只是沒想到這樣推坑，推著推著，邱大真的完成這本書了！因此我也盡責認真的看完它，覺得自己好像也得有點呼應、提供點內幕貢獻（請放心，我會謹言慎行），讓此序也能有點看頭——

書中第一大篇說實話的程度，很令人心驚膽戰，譬如：

第十五章＜人人都愛雪莉桶＞、第十六章＜絕不添加焦糖著色＞和第十八章＜老饕的選擇——單桶威士忌＞，其實都直指一個核心命題：單一麥芽品牌「做人」的基本原則。我常常在工作上和格蘭菲迪（Glen-fiddich）令人尊敬的首席調酒師布萊恩・金斯曼（Brian Kinsman）起了「溫和」的爭執，因為市場需求，我總是死纏爛打要求他為台灣打造重雪莉，顏色深如40號[3]，又要特色獨具的威士忌新品，甚至會寄送競爭品牌的重雪莉威士忌樣品去蘇格蘭調和室激他，希望能啟發他化悲憤為力量替市場做點功德；每次纏鬥後，不管有沒有得手，Brian總會耳提面命的再說一遍：「我們為什麼要喝單一麥芽威士忌呢？不就是要欣賞每家酒廠的風格，格蘭菲迪絕對可以做出很好的雪莉威士忌，可是重雪莉風味往往會掩蓋酒廠特色，如果我們連酒廠風格這點都不能堅持，因此丟失了品牌風格DNA，我們還剩下什麼？」

---

2. 資料來源：IWSR 2020年度進口烈酒報告——台灣市場、中國市場。

　　這真是當頭棒喝！是啊，當市場上幾乎所有主流單一麥芽威士忌品牌都迎合市場推出近似的黝黑雪莉威士忌，風味越來越趨近，那不就失去探索單一麥芽威士忌風格多變的初衷，如此一來，我們還剩下多少樂趣呢？

　　第二十一章＜你買的50年老酒值多少？＞，邱大提出了三大威士忌定價法，這些都是行內人慣常使用的心法，另外，行內還有一種慣用定價法──競爭導向定價法（competition-driven pricing），就是挑選市場上的主要競爭者，根據其市場價格來訂定本身商品的價格，這是很實用的手段，一來鞭策自己要打造出匹配的賣點來支撐價格，二來幫助消費者快速認知品牌的市場定位。不過現實上常常出現讓人莞爾又啼笑皆非的畫面，舉個例子，假設百富（The Balvenie）雄心壯志，訂下要比M牌高5%的市場價格，而M牌也不服輸的訂下要比百富高5%的價格，結局為何？今年百富低了，明年一定討回來；明年M牌低了，那後年肯定漲回去！如纏鬥，真不知何時方休？

---

3. 大部分酒廠都有如下的焦糖調色卡（Caramel colouring card）來幫助標準化調色過程（以下的色卡並非格蘭菲迪使用，只做為示意用）。

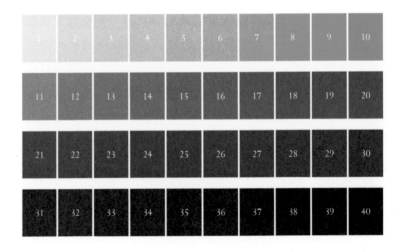

　　第二大篇，則回到實用的角度，對於有心入門威士忌的朋友很有幫助。我自己則對第一章《威士忌的人生三境界》最有感受，內容提到威士忌的旅程經歷過看山是山，看山不是山，看山還是山的態度轉變；入行13年，我的看法是，這就好像看電影，有人就是要配著可樂爆米花，大笑大哭過，戲院燈亮散場一切沒事，舒服最重要，也有人非得學院派的討論場面調度，剪接蒙太奇，把一部電影像青蛙一樣解剖，心情才會舒坦；有沒有一種可能，我們能讓兩種哲學同存於一心，威士忌對你我來說就有機會深入淺出，悠然自得。

　　說了這麼多，我都渴了，現在只想來上一杯格蘭菲迪12年，它可不是一般的單一麥芽威士忌喔，不僅是全球銷量第一、全球獲獎最多，同時也是單一麥芽威士忌品類的開創先驅者——Woops，不好意思，我的行銷職業病又上身了。

推薦序

Forward

用幽默終結流言，以科學解答迷思

張郁嵐 Ian Chang
噶瑪蘭酒廠 前首席調酒師暨產品研發主任

「⋯⋯在我十多年的威士忌旅程裡，朋友的友誼永遠大於酒，而真正的威士忌愛好者通常都有一顆樂於接納、分享的心胸，只要一杯在手談論起威士忌來，便稱兄道弟的逸興遄飛⋯⋯」

I cannot agree more！當我因為TSMWTA社團選購社酒而來到噶瑪蘭的酒庫做桶邊試飲時，第一次認識德夫兄（當時的理事長），至今居然已經8年了，但是感覺彷彿只是昨日。當時大家手上一杯酒，每人桌上有二、三十個樣品，侃侃而談，熱烈討論，互相交流心得的畫面記憶猶新。最後德夫兄與其他資深社員（包含姚和成大哥在內）選了一桶lightly peated的重裝桶做為當年的社酒，而尊敬的K大選了一桶Oloroso sherry butt，我也從此跟原本陌生的社團結下善緣，並且奠定了堅固的友誼。Whisky truly is an emulsifier for friendships！

就在今年疫情剛爆發後的一場品酒會，結束時我與德夫兄閒聊敘舊，他說即將再出一本新書，而且希望我能幫忙寫推薦序，我當時心想著："oh no, not again！"難道一本磚塊書（《威士忌學》）還不夠重嗎？但是當我拿到手稿，將整本書閱讀完畢後，大大鬆了一口氣，因為這本新書不但生動有趣，而且與時俱進（可謂為近十年來國內外的威士忌發展史），

雖然有些地方德夫兄還是無法自拔的用了些專業術語、化學名稱與數學計算！其中讓我最為有感的就是多處引用了我敬愛的師父Dr. Jim Swan（威士忌愛因斯坦）的quotes。話說「一日為師，終身為父」，更何況我在噶瑪蘭的16年裡，其中12年是full-time跟著Jim學習並且一起周遊列國，所以每次聽到或看到他的名字時，總是要流下幾滴tears of joy and memory!

總而言之，這本書是我個人身為專業distiller, blender, spirit judge and consultant一定要大力推薦的威士忌好書。這本書可以給whisky new-comers入門，但如果您已經是connoisseurs，它也可以讓您溫故知新！非常感謝德夫兄願意跟大家分享他多年整理出來的知識與經驗，並且搭配幽默與科學的角度來剖析、帶領消費者終結流言和迷思。在閱讀德夫兄的心路歷程和知識的同時，他還有許多wacky experiences分享：其中您一定跟我一樣非常好奇到底充滿廢機油味、橡膠皮與阿摩尼亞的威士忌喝起來的感覺如何吧？哈！！！

推薦序
Forward

知識狂熱酒徒的求真書

葉怡蘭
飲食生活作家
蘇格蘭雙耳小酒杯執持者（Keeper of the Quaich）

　　和無疑已成台灣酒界公認重量級代表著作之一的《威士忌學》一樣，與邱大哥因酒結緣十數年，此書也是我期待已久的作品。

　　當然，比起汪洋浩瀚十九萬字，從歷史到製程均實事求是抽絲剝繭鉅細靡遺呈現、厚重艱澀如論文教科書的前作，《酒徒之書》或可視為《威士忌學》的輕鬆平易入門版──「比較沒那麼好睡了……」最近一回聚，和我一樣已先讀過書稿的酒友如是打趣。

　　但事實上，再細細咀嚼，卻仍舊莞爾發現，江山易改，那個血統純正資料控、原理控、技術控、數據控、圖表控的狂熱「工程師」並未遠走，讀著讀著一樣時不時便見大量學理論述嘩嘩傾瀉而下；但至少，相較於《威士忌學》的宛如講堂上正襟危坐聽課，這回毋寧更像是和邱大哥沙發裡同坐把盞聊天，品啜談笑間，威士忌之學問掌故、門道講究以至如何悠遊此中之方歷歷，學究氣息少了，更多了他向來的風趣任情，如沐春風。

　　而也一如我為《威士忌學》一書所下的註腳，我認為，《酒徒之書》的另一重要價值，在於從另重不同視角，再度「鮮明具現了台灣威士忌界獨樹一幟的『知識狂熱』特質」。

是的。在這品味顯學、知識故事為王的時代，「知識行銷」成為各酒廠、品牌的推廣利器，固然因而成功擭獲廣大消費者的注目、投入而後愛飲，一舉締造此刻威士忌的風華盛世，但在這廣傳過程中，卻也不免多少出現過度簡化、誇飾甚至錯誤解讀狀況……

因此，對事實與證據的不斷挖掘、探尋、辯證，自然而然也成為台灣威士忌領域為數不少的「知識狂熱飲者」們樂此不疲的活動。

《酒徒之書》便是在這樣的背景中誕生。身為此中「頭號戰將」，邱大哥奮勇發而為文，瞄準近年流傳、甚至蔚然成風的種種威士忌迷思，將原本僅只圈中討論──同時也淹沒於《威士忌學》的十九萬字海中的「真相」──一一列舉，逐個擊破，讀來酣暢痛快。

其中意義不單單只在於撥亂反正、釋疑求真，更重要是引領我們回歸智識、保持理性，在這醉人酒飲世界裡，清明自在徜徉前行。

Contents

第 II 篇

威士忌和你聽到的不一樣

因為行銷不會告訴你

第 II 篇

威士忌和你喝到的不一樣

但是酒終究 是要拿來喝的

自序

Forward

飲酒作樂的思辨之旅

　　多年前閱讀哈佛大學Michael Sandel教授所著的《正義：一場思辨之旅》，我的思想猶如被醍醐灌頂，憬然發現過去許多憑直覺所作的判斷，如果能再進一步的思考，常常是站在選擇分水嶺上。判斷可能出錯的原因很多，純粹根據經驗或是感情用事都有，但大多時候是過於依循慣性以及服從權威，以致失去思辨能力。自此讓我瞭解，當面對人生中各種問題時，想藉由直覺判斷來尋求解答，並不是一件容易的事。

　　但工作就簡單多了。我是一名資深工程師，主要從事公共工程的規劃設計，各種不同的法規、規範給了我們遵循的準則，不需要太多思考。不過規劃設計只是工作的一環，在進入實質設計前，我還得執行行銷業務，通常是藉由編撰厚厚一大本全彩精印的「服務建議書」，以及短短10～20分鐘的簡報，去努力爭取標案。為了達到每年的業績要求，我們必須設法將硬梆梆的工程數字包裝成軟性語言，字不如表、表不如圖的訴求老嫗能解，加上具有故事性的文青辭彙和色彩暗示，以及分秒不差的簡報練習，來攫取評審們關愛的眼神。

　　這一套行銷方式每年總要搬演好幾回，我自信扮演得極為熟練，也發展出成熟的SOP。只不過近年來環境態勢丕變，公司與公司之間的競爭越

來越激烈，各種行銷花招層出不窮，讓我越來越覺得心虛。由於爭取標案時的承諾多少都有些誇大，一旦落入契約去執行，就必須倚靠硬橋硬馬的真功夫，將當初思慮不周的想法化作實踐的可能。所以我們業界流行的說法是：得標時頂多高興一分鐘，接下來就是痛苦的開始。

當我從務實至上的工程顧問業跨入酒界之後，就如同進入大觀園的劉姥姥，東張西望的不斷訝嘆，我原以為的行銷花招，放在酒界根本不值一哂，因為工程界再怎麼樣誇大都有不可逾越的天花板，酒界雖然也有，但一般消費者不會想花時間去理解，所以很容易全盤接受行銷的講法，反正酒中有真意，欲辨已忘言。

以上說明，無非在解釋在某種程度上我也是行銷人員，不過骨子裡依舊是實事求是工程師，憑著一股好奇心翻找事物背後的原理。2018年寫就的《威士忌學》，便是整理了我十多年來在威士忌的好奇和疑惑，所以盡可能的蒐集數據資料，希望與我一樣具有相同疑惑的酒友能在這本書裡找到解答。不過好友怡蘭告訴我，當她閱讀書稿時，看不到太多的「我」，這句話我謹記在心，埋下了一顆「再寫一本書」的種籽。確實，《威士忌學》是一本工具書，本來就不應該存有太多個人觀點，但是我依然將部分觀點偷偷藏在數據資料堆裡，只是藏得很深，讀者不太容易找到。

但這本書最有力的推手來自一位我十分敬重的行銷朋友。酒友間流傳著我在各類活動中，因為最愛舉手發問，所以是個相當麻煩的問題人物，也所以一定是行銷人員的眼中釘、肉中刺。我必須告訴各位：你們錯了，我有許多行銷朋友，而且十分尊重他們在推廣威士忌所做的努力，沒有行銷業務，我們嗜酒之徒早已口渴而亡。這位行銷朋友時常指點我於酒類市場上的盲點，分析資料、透露八卦，早在幾年前就諄諄教誨，如果我想在

「威界」揚名立萬，不應該寫那撈什子的磚頭書，而是，他建議，一起合寫一本大爆行銷內幕的爆掛書。

就在我百無聊賴的2019年下半年想起這個點子，與他喝咖啡閒聊了一陣後，馬上列舉了10多個題目寄給他，他也立即增添5、6條題目，成為這本書第一篇最初的原型。在後續的討論中，他提到大鳴大放之後，應該話鋒一轉的來個反高潮，提出正面建議，這也就是本書第二篇寫作的動機。由於歷年來勤於寫作，手中存留的文字著實不少，既然有了方向，所以援筆立就的完成前幾篇寄給他，並催促他也必須完成他所建議的篇章。此時工程師與行銷人訓練上的差距顯現了，我持續以好奇心把梳每一條項目背後的成因和邏輯，他秉持市場派認為我又太過認真而疏離消費者，筆風不同、文采各異下，硬是要送作堆，可能會互相扞格，所以到最後，所有的篇章都由我獨立完成，內容和資料也是由我自行挖掘（意思是沒有各位想像的黑暗內幕可爆）。

在半年多的寫作期中，我不斷修改原先的條目和構想，增添了不少原本不在規劃中的題材如：＜我們使用來自湧泉的硬水＞是某次酒款發表會激發的點子；＜艾雷島的迷人海風味＞根據好友尤愛月的上課教材；＜甜味在舌尖、苦味在舌根＞中部分內容是一次難忘的受騙上當經驗；而＜小酒廠會不會泡沫化＞原本只是為《威士忌雜誌》所寫的專欄。我終結在＜達不達，沒關係＞，反映的是目前威界的行銷境況和社群媒體的反思，這一篇有關行銷策略的學理與實踐，正是那位行銷大師的精心指導。很遺憾的是，原先構想的「威士忌拍賣場的闇黑拱價術」、「威士忌酒精度回魂術」、「來包桶吧」，題目上非常吸引人，但無力深究，最終只能悵然捨棄。

從構思這本書的內容開始，我的對象便不是初入門者，而是已經參加過幾場品酒活動、多少聽過一些行銷語言的酒友，所以我不再贅述某些基

本定義，如產國、產區、單一麥芽威士忌和威士忌的製作方式等等，這些名詞很容易找到解釋，另一本拙作《威士忌學》也提供精確的說明。就目的而言，當然不是打擊行銷，而是協助消費者與行銷一起成長。這句話聽起來有點冠冕堂皇、自我吹噓，不過，我想像某個遠景，當某些迷惑消費者的語言被拿掉之後，行銷人員是不是能更坦然的面對消費者，而不必搪塞些「消費者不需要知道那麼多」的胡言亂語？而且，當行銷人員瞭解所有故事背後的真相，是不是更有能力帶領消費者去深入認識自己的品牌？

《文心雕龍》＜神思篇＞云：「積學以儲寶，酌理以富才，研閱以窮照，馴致以懌辭」，講的就是古人做學問的方法。百千年前的讀書人缺乏滑滑手機便可查到的資料，也沒有萬事皆可問的臉書，於追求知識的道途上，唯一可用的就是這套窮理致知的笨方法。現代人不同，網路上的知識流量既快且雜，甚至多到讓人應接不暇，但就是因為這種便利性，現代人不需強記，也沒時間思辨接收到的大量資訊是否真實可靠，尤其是飲酒一事，享受口舌之樂擺第一，行銷愛說什麼就說什麼，談論思辨根本煞風景。

但或許，我以為身為工程師的我之所以投入威界，不是為了享受下班後一杯在手的放鬆，也難以成為酒類行銷需要的「達人」，所負的使命——近年來越發的清晰——便是利用一支筆（其實是鍵盤）來掀起思辨的波瀾。這就是我自以為是的「正義」，也回歸到《正義：一場思辨之旅》給我的啟發。如果酒友們仔細閱讀本書的每一則篇章，應該會發現我並沒有提供太多非黑即白的答案，而是思考方向。我當然有自己的觀點，但各位酒友大可不同意，不過就算不同意也已達到我的目的，因為當我們拒絕接受不夠精確的說辭，就已經出發往挖掘成因的路途前進，這種挑剔，毋寧也是某種「正義」的實踐。

第 II 篇

威士忌和你聽到的不一樣

WHISKY _____   _____ DRINKER

因為行銷不會告訴你

世界很大，威士忌很多，別先入為主的以為蘇格蘭威士忌才是威士忌的首選。在昂貴烈酒圈故事行銷為王的時代，不要被過多的說詞擺布，本篇以24個威士忌的迷思，告訴你威士忌的成本奧秘、品牌價值，從製程到投資，用科學數據解開威士忌之謎。

噶瑪蘭好不好喝？

「聽說你對威士忌很有研究？」

「是啊！」我很自負的回答。

「那麼請問你喔，噶瑪蘭到底好不好喝？」

　　從事工程顧問工作二十多年的我，秉持低調個性，一直不願張揚自己在威士忌上的興趣，深怕被掛上「好酒貪杯」的不良名聲。不過專欄文章一寫6年，偶而還接受採訪，加上推出一本磚頭書《威士忌學》之後，很難繼續隱姓埋名下去，也因此不時便會有同事、親戚或友人問起一些奇怪的問題，其中最常被問到的就是「噶瑪蘭好不好喝？」或是「噶瑪蘭值不值得買？」

　　「好不好」牽涉的是個人感官偏好，而「值不值」則屬於價值判斷，本來都沒有我插嘴的餘地，不過基於一絲專業的優越感，以及愛鄉愛土的情懷，總是要稍稍端起架子、皺起眉頭深思，詢問一下對方平常嗜喝的酒款以及可能的口味趨向，然後給出大力推薦的專業意見。

　　其實對我而言，噶瑪蘭自從2009年裝出「經典獨奏」系列以來，酒質維持得相當有水準，尤其是近年裝出的調和品項如「珍選」，如果很世俗的拿CP值做比較，其性價比遠高過許多我們熟知的一線品牌，推薦起來毫不費力。但是我知道這些問題並不單純，隱藏在背後的是對於「台灣也能做出威士忌？」的質疑，因為大眾在威士忌風潮當道的今日，已經

不斷被洗腦，很先入為主的以為蘇格蘭威士忌才是威士忌的首選，也是踏入威士忌領域的唯一選擇。在這種情況下，就算噶瑪蘭獲得數百面國際競賽的獎牌加持，品牌的名聲仍不如百年老店，而初入門的酒友面對琳瑯滿目的酒種，以及酒類行銷口沫橫飛的瘋狂轟炸，免不了對本土酒款信心不足。

◈ 全球銷售量最高的威士忌，你聽過嗎？

的確，蘇格蘭威士忌名震遐邇，全球愛酒人士提起威士忌，莫不推舉蘇格蘭為最佳選擇，對於高地、低地、斯貝賽、艾雷島和坎貝爾鎮等五大產區幾乎都能朗朗上口，更逸興遄飛的高捧「單一麥芽威士忌」為酒林至尊。此風吹襲下，總以為唯有使用麥芽、水和酵母菌為原料，經發酵蒸餾後注入橡木桶熟陳至少3年的酒類，才能稱作威士忌。

不過酒友們或許不知，全球銷售量最大的威士忌品牌是一款大家沒聽過、沒看過、更不可能喝過的印度威士忌，稱為「長官之選Officer's Choice」。而且更叫人驚訝的是，根據全球烈酒的銷售統計，從2014年以來威士忌類的銷售量Officer's Choice一直高掛第一，接下來則分別是Mc-Dowell's、Imperial Blue、Royal Stag……這些我們完全陌生的品牌全部都是印度威士忌，直到第五名才是我們熟悉的「約翰走路」，這是怎麼一回事？

實際情況是，幅員廣大、人口眾多的印度，除了產量非常小的雅沐特、約翰保羅以及台灣尚未引進的Rampur蒸餾廠，採用的是我們熟知的方式來製作威士忌之外，其他所有的威士忌都是利用甘蔗製糖後，無法結晶的棕黑色黏稠狀液體「糖蜜」為原料，加水稀釋發酵，再蒸餾成接近無色無味的中性酒精，裝瓶前加入添味劑或小部分的蘇格蘭麥芽威士忌。這種烈酒，雖然原料上接近蘭姆酒，但其實只是中性烈酒的調和，

但印度法規偏偏允許它稱為威士忌，還給了一個特定名稱「印度製外來烈酒」（Indian-made foreign liquor, IMFL）。

　　正因為名稱易於混淆，蘇格蘭威士忌協會（Scotch Whisky Association, SWA）曾在2004年向印度德里的高等法院提出告訴，禁止印度的威士忌業者Golden Bottling Ltd.使用"Scot"及"Scotch"等「地理標示」名稱（Geographical Indications, GI）。判決結果在2006年出爐，SWA勝訴，但很不幸的，"Scot"並沒有在印度註冊為GI名稱，所以無功而返，也因此2年後德里法院允許Khoday酒廠繼續販售Peter Scot威士忌品牌，讓IMFL成為一個非常特殊的酒類品項。便由於IMFL偏離一般人對威士忌的認知，在許多烈酒銷售的統計資料或競賽中，被單獨區隔開來，成為威士忌裡的特殊類別。

你我都沒看過、甚至沒喝過的樂利包印度威士忌
（圖片提供／豪邁國際）

⊗ 威士忌不只一種，木桶也不只一種

但是印度威士忌不是唯一的特殊威士忌類別，全世界生產「威士忌」的國家不下三十餘國，各自有各自的規範和方法。以台灣而言，《菸酒管理法施行細則》對威士忌的規定簡單明瞭，凡是「以穀類為原料，經糖化、發酵、蒸餾，貯存於木桶2年以上，其酒精成分不低於40%之蒸餾酒」，都可稱為威士忌。

不知各位酒友有沒有發現？引號裡的文字有一個顛覆我們認知的定義——沒錯，「木桶」並不等於「橡木桶」，柚木桶、櫸木桶、檜木桶全都是木桶。事實上，就算是傳統上的威士忌五大產國，愛爾蘭和加拿大同樣都只要求使用「木桶」，歐盟法規也一樣，即便是蘇格蘭威士忌，在1988年最早的法規中，熟陳使用的規定也是「木桶」，得等到2年後Scotch Whisky Order（相當於「施行辦法」）才明確規定必須使用oak。所以各位酒友們不妨找找早年的蘇威，或許可以發現考古的樂趣，譬如酒標上寫著"matured in wood cask"，便可以合理懷疑使用的木桶種類。

仔細追究起來，五大產國中日本法規最為寬鬆，幾乎可與印度威士忌相提並論，因為所謂的威士忌，只需包含1/10穀物製作的烈酒，而且不需要自行生產製造，甚至還可調入中性酒精、香料、色素或水，怪不得日本超市常見大容量塑膠桶裝的威士忌。今日價格飆漲到讓人瞠目結舌的日本威士忌，基本上都嚴守蘇格蘭法規製酒，但酒標上大大的漢字對歐美人士有著莫大的吸引力，因而市場上出現許多同樣使用漢字酒標，但酒瓶中酒液來源不明的偽裝日本威士忌，形成一種奇特亂象（詳見後文＜你喝的真的是日本威士忌嗎？＞）。

從以上略嫌囉嗦的說明中，相信酒友們應該很容易得到結論：原來過去我們以為的威士忌，其實都只侷限於蘇格蘭，但世界很大，威士忌

很多，不能以偏概全。說到以偏概全，在2020年的《烈酒事業》（Spirit Business）報告中，臚列了蘇格蘭威士忌銷售量最高的十大品牌，第1名到第4名應該大家都耳熟能詳，分別是約翰走路、百齡罈、起瓦士以及格蘭（Grant's），但是接下來的William Lawson's、帝王（Dewar's）、珍寶（J&B）、黑白狗（Black&White）、雷柏五號（Lable 5）和金鈴（Bell's）可能就沒那麼熟悉了，而且這些品牌全都是調和式威士忌。我得慚愧的承認，上面直接用原文稱呼的品牌我連看都沒看過，再次證明世界很大，就算我以為已經夠熟悉蘇格蘭了，但依舊存在許多盲點。

⊗ 所以，到底什麼是威士忌？

　　酒友們不必妄自菲薄，「何謂威士忌」是個大哉問，就算是製作威士忌長達數百年的英、美兩國，因為牽涉到龐大的既得利益，酒廠、酒商在十九世紀末持續爭辯幾十年，到了二十世紀初，更分別在大西洋兩岸的國會殿堂和法院展開延宕數年的大辯論，最終獲得的折衷結論，便是今天兩地法規的雛形，包括英國麥芽、穀物和調和式威士忌的定義，以及美國對於波本、裸麥、麥芽等等威士忌的區隔。

　　至於今日夯遍全球的「單一麥芽威士忌」，在進入二十一世紀以前根本沒有定義，必須等到2009年蘇格蘭（英國）才做出完整的規範，而且也僅限於英國及愛爾蘭，放眼全世界通通沒有「單一」的定義。只不過「單一麥芽威士忌」的名聲越來越響亮，各大烈酒競賽都舉列為品項之一，所以當美國從2018年底開始修訂威士忌法規，廣邀全國酒廠、酒商及愛酒人士提供意見時，某些團體如「美國單一麥芽促進會」（American Single Malt Commission）藉此鼓吹引入「單一」一詞，只是事涉利益，2020年4月公告結果，依舊無功而返。

　　台灣的酒友具有大無畏的冒險精神，非常樂於接納來自世界各地的威士忌，印度、瑞士、法國、捷克、比利時、英格蘭、瑞典、冰島、芬蘭、澳洲、南非等不同風土、風味的異國威士忌都被陸續引進，雖然數量遠遠比不上蘇格蘭，卻足以讓人一新耳目。今天世界各地求新求變的工藝製法和特殊風味，對傳統五大產國的威士忌造成一定衝擊，而且在故事行銷為王的今天，這些新世界威士忌大多與土地連結，展現在地精神，並充分掌握有機、環保、能源種種具有衝擊力的話題，因此具有莫名的吸引力，成為一股不可忽略的潮流。

◈ 後發先至的台灣威士忌

　　噶瑪蘭的威士忌好不好喝、值不值得購買？身為台灣人，我會很驕傲的告訴國內外所有酒友，歷經超過10年的努力，噶瑪蘭早已經跨入威士忌殿堂，成為全球酒友必須嘗試的一種威士忌。另外也別忘了，噶瑪蘭並不是台灣唯一一間按蘇格蘭法規製酒的蒸餾廠，台灣菸酒公司於2008年在南投成立的「威士忌工場」，即便使用的蒸餾設備東拼西湊的有些克難，不過2013年首度裝出來的單一桶卻讓酒友們艷驚，近年來也開始在世界嶄頭露角，未來相當值得期待。

　　站在這一股威士忌浪潮前，最終需要提醒酒友的是，作為一個愛酒人，任何一種威士忌都值得嘗試，各類的道聽塗說都僅供參考，唯一的評判，便是各位的感官。

加拿大的Alberta 酒廠，外貌如同工廠一般，毫不顯眼也毫不浪漫
（圖片提供／Davin de kergommeaux）

台灣的噶瑪蘭酒廠採用蘇格蘭法規製酒，歷年來獲獎無數，CP值超高
（圖片提供／金車噶瑪蘭）

WHISKY
02

我們的酒廠位在蘇格蘭高地

「我們的酒廠藏身在高海拔的蘇格蘭高地，從酒廠遠眺冰河侵蝕的遺跡，可以感受到重巒疊翠的壯闊瑰麗，所以我們產製的威士忌酒質渾厚紮實，風格複雜且個性強烈，聞嗅時可以感受到眾多的森林木質及土地感，啜飲後飽滿的油脂、熟成水果和堅果在口中捲繞帶來豐富的咀嚼滋味……」

當酒廠的行銷、品牌大使站在品酒會台前，鼓起如簧之舌告訴台下聽眾「我們的酒廠位在XX產區」，並利用一張張精心製作的投影美景，讓酒友自然而然的將「地域」與「酒」相互交融。這套行銷語言，顯然是利用地理環境來為酒廠樹立風格定義，各位酒友不妨回顧曾參加過的品酒會，這種場景應該不陌生，當時你們的腦中、心中，浮現或被喚醒的又是什麼？

◈ 產區的劃分，是為了行銷還是法規？

威士忌的愛好者或多或少都知道，蘇格蘭威士忌酒廠被區分為幾個產區，包括大部分的人都耳熟能詳的高地、低地、斯貝賽和艾雷島區，以及可能有些生疏的坎貝爾鎮區，另外還可能聽過島嶼區，也就是除了艾雷島以外的所有島嶼。但酒友們或許不知道的是，到底以上的產區是為了行銷方便、還是法規限制？這幾個產區又是如何、為什麼劃分？更

直接的聯想是，是不是位在相同產區的酒廠，製作做出來的威士忌風味都相似？

先回答第一個問題。依照法規，蘇格蘭威士忌只分為5個產區，事實上，我們通稱的「產區」又分作包含艾雷島和坎貝爾鎮的「特定地區」（protected localities），以及高地、低地和斯貝賽的「產區」（protected regions）。如果酒友們看到或聽到島嶼區、東高地、西高地及北高地等分區，必須了解這些分區都不允許出現在酒標上，因為並不符合法規定義。

只不過談論到酒標上的地理標示時，因須顧及歷史背景而讓情況有些複雜，SWA舉出了幾個例外：

- 如果威士忌完全在某個特定區域生產，那麼可以不用標示產區，而選擇在酒標中標示該地區，如"Orkney Single Malt Scotch Whisky"。

- 斯貝賽區屬於高地區域內的特定範圍，因此可選擇標示為「斯貝賽區」，或是「高地區」。

- 2009年9月1日以前（也就是現行法規公佈前）註冊的品牌或公司名稱不在此限，如"HIGHLAND QUEEN Scotch Whisky"或是"Highland Distillers Ltd"。

- 使用兩個以上產區的威士忌來調和製作的調和式威士忌，可將各產區都標示清楚，如"Blend of Highland and Islay malts"。

- 假如某個市場上穩定的品牌擁有多種不同產區的威士忌，那麼可在酒標內加註產區，例如品牌名稱為"Highland Single Malt Scotch Whisky"，但瓶中酒液來自艾雷島，便可加上艾雷島產區的標註。

最後一點不易搞懂，因為我們熟知的單一麥芽威士忌大多以酒廠名

稱裝瓶。不過近年來越來越多的IB裝瓶被要求不得標示酒廠，因此市面上可看到越來越多的品牌，至於品牌內的酒液來自何處，消費者須仔細探究。但綜合而言，蘇格蘭裝瓶的威士忌酒標都由SWA背書保證，我們不必花時間去研究那些例外，因為比例外更重要的是，為什麼要劃分產區，以及產區代表的意義。

◈ 產區的歷史、群聚和風味

　　話說在十九世紀以前，威士忌相當於農業副產品，辛勤耕種的農民將多餘的農作蒸餾為烈酒，一方面容易保存和運送，一方面增加收益，產製所餘的糟粕又可拿來餵養牛羊，可謂一舉數得。政府很快就發現這是一筆好生意，開始將手伸入農民的口袋；為了躲避查緝，農民們或發動抗爭，或遠渡大西洋去尋求桃花源，又或者藏身在山林、河渚，以移動方式繼續他們的蒸餾事業。另一方面，蒸餾烈酒的商業模式逐漸成形，中小型蒸餾廠紛紛成立，他們向農民收購多餘的穀物後，進行較具規模的生產和販售。

　　大英帝國政府不可能輕易放棄稅收，尤其是蘇格蘭地區的優質威士忌輸往英格蘭之後。為了鼓勵酒商合法繳稅，英格蘭議會從18世紀中開始通過了許多辦法，其中也包括在1784年公告、後世通稱為《酒汁法》（Wash Act）的法案。在這個不怎麼公平的法案中，劃設了一條分割高地與低地的「高地線」（Highland Line），分別針對兩個地區課徵不同的稅率。這條線沿著「高地邊境斷層」（Highland Boundary Fault）明顯的地質界線劃定，並在1785年、1793及1797年三次修訂。只不過這個法案並未討好兩區的酒商，因此很快的在1816年廢止。

　　從這段歷史可知，兩百多年前首度劃分高地與低地時，純粹是稅收

考量，與酒的風格毫不相干，不過在群聚效應下，後來的發展多少與風味牽扯上關係。譬如低地區的酒廠，把酒往南送至英格蘭之後，為了符合當時普羅大眾所喜愛的口味，漸漸往愛爾蘭威士忌的清雅風味靠攏；斯貝賽區因靠近盛產大麥的莫瑞平原（Laich of Moray），成為酒廠密度最高的區域，並且紛紛仿效甜美柔和的格蘭利威風格，還流傳出「格蘭利威是蘇格蘭最長的山谷」（Glenlivet was the longest glen in Scotland）的笑話；艾雷島因燃料海運不便，只得以島上的泥煤來烘烤麥芽，製作出充滿煙燻、消毒藥水與海水鹹味等個性強烈的威士忌；至於圍繞著海灣的坎貝爾鎮，擁有得天獨厚的海運地理環境，19世紀酒廠大爆發，曾同時擁有27座蒸餾廠群聚在這個小鎮，豐富的麥芽、海鹽與淡泥煤令人陶醉。

蘇格蘭威士忌到底什麼時候被區分為五大產區已不可考，但不可忽略的是從1860年代以降調和威士忌興起後，產業發生極大的變動，進而成為今日產業的原型。當時的酒廠並不直接面對消費者，調和商從蒸餾廠一桶一桶的買進酒，調和出合乎市場口味的威士忌，並定義出自我品牌風味來相互競爭。為了掌握原酒來源，他們將酒廠分為高地、低地、坎貝爾鎮、艾雷島等四大區域，另外還包括穀物一項，並將這些原酒分為1～3等級依不同價格收購。另外在1905年的「何謂威士忌」審判中，「蒸餾者有限公司」（Distillers Company Limited, DCL）也曾提議蘇格蘭麥芽威士忌應依地域區分為四大區域。很顯然，這種區分方式暗示著各區域的風味相當一致，成為今日法規的雛形，不過得一直等到1970年代單一麥芽威士忌逐漸風行之後，產區才被註記在酒標上。

由於歷史因緣，以調和起家的DCL於1987年被健力士公司併購為「聯合蒸餾者公司」（UD，也就是今日帝亞吉歐公司的前身）後，隔年決定以蒸餾廠的地域個性推出「經典麥芽精選」（Classic Malts Selection），將

四大區域細分為六大，包括東高地（達爾維尼）、西高地（歐本）、低地（格蘭昆奇）、斯貝賽（克拉格摩爾）、艾雷島（樂加維林）以及島嶼（泰斯卡），顯然這一套分區模式潛藏在業界已久，因為其他公司也起而效尤，如聯合酒業公司於1991年推出的「古蘇格蘭麥芽」（Caledonian Malts）系列，施格蘭公司於1993年裝出的「遺產精選」（Heritage Selection）。

◈ 今日的產區真有其風格？

從歷史來看，產區劃分大致在十九世紀末成形，當時不同的產區確實存在風味區別，也就是今日我們津津樂道的「風土」，而且一直到1980年代，蒸餾者、作家都相信決定威士忌風味的四大因素包括水源、空氣品質、泥煤以及大麥，這些都可歸於地理環境因素。不過Dave Broom在《世界威士忌地圖》書中提醒讀者，當我們討論風土時，絕對不能忽略「人」的因素，而且一旦考慮到人——包括製酒人和消費者——自然環境因素都可能被打破。

在這層考慮下，遍嚐各類型威士忌的酒友們不妨思考，我們如果繼續延用「產區」來劃分風味，會不會太過便宜行事了？舉幾個大家都熟悉的例子如下：

高地：

地理範圍除了山丘起伏、跨越東西海岸的本島高地，更涵蓋了艾雷島以外的所有島嶼（奧克尼、斯凱、吉拉、愛倫和穆爾島）。東海岸的格蘭傑、蘇格登（格蘭奧德）與最北端的沃富奔（Wolfburn），或是西海岸的歐本，風格可能相似嗎？奧克尼島上的高原騎士和斯卡帕酒廠，兩者的風味根本南轅北轍吧？

◦ 艾雷島：

酒友腦中浮出的第一印象絕對是繚繞的煙燻與泥煤海風，確實，許多不使用酒廠名稱的IB酒款，可能從風格上猜知來自艾雷島，但到底是哪間酒廠往往考驗酒友們的辨識能力。不過，布萊迪和布納哈本這兩間傳統上不產泥煤威士忌的酒廠，風格上可曾與其他酒廠相似？更何況，萊迪在2000年重新開張後，搖身一變生產起重泥煤的「波夏」和超重泥煤的「奧特摩」兩個品牌⋯⋯

◦ 斯貝賽：

50多間蒸餾廠聚集在斯貝河及其支流沿岸，是全蘇格蘭密度最高的產區，一直以濃郁的麥芽和豐富的花果香聞名，不過就以「世界威士忌之都」德夫鎮的6間蒸餾廠為例，可能是以蜜甜果香為主的百富和格蘭菲迪，但也隱藏著以肉質感聞名、號稱「德夫鎮的野獸」慕赫。至於隔壁的魁列奇鎮上，斯貝河分隔了肉質硫味鮮明的魁列奇和酒質豐厚的麥卡倫，風格差異不可謂不大。

◦ 坎貝爾鎮：

碩果僅存的3間酒廠中，單單雲頂每年便固定製作無泥煤、淡泥煤和重泥煤3種風格迥異的酒，和格蘭帝的麥芽水果甜完全不同，倒是由雲頂的密契爾家族興建的格蘭蓋爾（Glengyle），裝出的齊克倫（Kilkerran）與雲頂頗為類似，這也難怪，酒廠的營運本來就是由雲頂支援，產量極低，只能當作是雲頂副廠吧！

◦ 低地：

許多酒友談論起低地，多會幻想起三次蒸餾，不過歷史上的三次蒸

位在斯貝賽區的格蘭菲迪（左上）

位在艾雷島上的拉弗格（左下）

位在低地區的歐肯（右上）（圖片提供／台灣三得利）

位在高地區的格蘭傑（右下）（圖片提供／酩悅軒尼詩）

餾低地酒廠並不多，以目前唯一常年進行三次蒸餾的歐肯而言，早在1860年代便更改為二次蒸餾，進入二十世紀後則同時存在二次與三次工序，得等到1969年才完全變更為三次蒸餾。至於以花果麥芽風味為主的格蘭昆奇（Glenkinchie）以及第一間為澳洲人擁有的Bladnoch，又與三次蒸餾的歐肯大異其趣，如何放在一起比較？

以上信手拈來的酒廠風味，屬性繽紛多陳，根本無法用地理範圍歸納。更何況今天的威士忌產業已經和50或100年前大不相同，絕大部分的麥芽原料都由幾間大型專業發麥廠製作，而發麥廠使用的穀物更來自世界各地，除了某幾間堅持使用在地穀物的蒸餾廠，地理區隔早已無法框架風土。另一方面，由於製作技術的精進，同一間酒廠可輕易製作出不同風格的新酒，帝亞吉歐於Leven裝瓶廠設立的小型實驗蒸餾廠，便號稱可複製旗下28間酒廠的風格。

就因為「產區」純粹只是地理上的敘述方便，所以再多作細分，譬如許多人喜好將高地區的島嶼獨立出來，另稱「島嶼區」，或者將本島的高地區分為「東高地」、「西高地」及「北高地」，其實沒有太大意義。再舉個例子，格蘭哥尼位在高、低地區的邊界，生產製作的酒廠在高地，熟成酒窖則位於低地，請問該怎麼說？

◈ 產區只是地理區隔

打個不倫不類的比方，我居住在台北市，但並不代表我就是刻板印象裡的天龍國人。所以，下一回酒友們再看到、聽到或讀到產區的種種，不需要存在風味、風格上的幻想，純粹只是酒廠所在的地理區位而已。

我們的酒廠位在濱海之地

「請你們拿起酒杯，聞一聞杯中的酒液，想像著自己站在礁岩岸邊，陣陣海風吹拂，一波波巨浪拍擊海岸，濺起幾許沁涼的浪花，也帶出了一股清新濕潤的大海氣息。接著我們啜飲一口，豐潤的乳脂與醇厚的果甜在口中化開，也立即浮出無法忽視的海鹽滋味，以及恍如岸邊篝火帶出的培根油脂和大量的胡椒辛香。這種種交織的熱流隨著酒液直達胸腔，再如同海潮般緩緩退去，慢慢浮出一縷木炭灰燼的餘火，久久不散……」

　　跟隨著螢幕播放的濱海景色，品牌大使略帶沙啞、充滿磁性魅力的嗓音，帶領著台下品飲者置身蘇格蘭島嶼，沉醉在烏有夢鄉，而酒中風味更加強了所有人的臨場感。

　　但，且住！不同的酒廠，相仿的情境，可以一而再、再而三的搬演，譬如座落在高原、草原、森林、湖畔、山坡上或山腳下的酒廠，利用充滿熱情感染力的說詞和美景投射，同樣可以讓身處都市叢林的品飲者，領略杯中酒液傳遞的高冷清冽、潤澤木質、脂粉花香或礦石煙硝種種氣息。這些魔幻能力，一直是行銷大使極重要的專業技能，技巧若臻化境，更可結合個人經歷、軼事、歷史典籍或神話傳說，成為品酒會中的最佳推銷利器。

◇ 香草、泥煤和海風——酒商怎麼建立風味的記憶點？

　　風味的描述一向非常主觀，如何將主觀的感受透過語言或文字讓其他人了解，有其實質的難度，但卻是品牌必須背負的重責大任。由於威士忌的風味並不像「酒鼻子」——用於訓練嗅覺記憶的香氣組——那樣的單純且唯一，而一般消費者都沒接受過專業品飲訓練，只能使用日常生活經驗裡的字詞語彙來描述，其實並不精準。舉例而言，波本桶中最常出現的香草甜，可能來自我們曾經吃過的香草冰淇淋或香草蛋糕，但這些風味是多重香氣的組合，而不是直接來自香草莢，以致每個人的風味感受和描述方式都不盡相同。

　　就因為如此，當品飲大眾無法講出自己聞嗅或入口的風味、無助的抓耳撓腮時，帶領品飲的大使只需輕輕一點，時常可獲得「啊～」的一聲讚嘆。也因此品牌行銷喜歡結合酒廠座落的環境、風土，先作心理暗示，再利用五感——主要是視覺、嗅覺與味覺產生的聯覺反應，加深酒友的印象，將「酒廠風格」直接燒入消費者的大腦皮質裡。

　　每一間酒廠勢必要建立自我的風格，才能讓消費者產生印記，作為行銷推廣的利器，且用於分辨消費群眾的喜好，讓花果香或泥煤海風的擁護者自行尋求歸屬，這就是我所謂的「記憶點」。酒友們不妨試著回想，在眾多曾喝過的酒款中，哪一間酒廠的風味長存在腦中，成為嗅覺和味覺能自動導航的方向？近幾年我所喜愛的雲頂是其中之一，很容易讓我聯想起豐富的麥芽甜、粗厚的酒體、淡煙燻泥煤和隱約的海鹹。不過這種聯想往往只是單方向，也就是由酒廠聯繫到酒，如果倒過來從酒的風味去猜想酒廠，困難度立即竄高。

　　每一間酒廠都嘗試讓消費者產生記憶點，例如慕赫的肉質感、克里尼利基（Clynelish）的蠟質感、雅柏的煙燻海風和消毒藥水、格蘭傑的花香

或噶瑪蘭的鳳梨水果等，我們參加酒廠舉辦的品酒會時，也喜歡詢問講師酒廠的風格設定。只是酒友們再試著回想，當遍嚐各家酒廠的酒，包括各式各樣的OB、IB裝瓶，會不會如我一般越來越感覺糊塗？如果接受盲飲考驗，憑藉著酒中風味所傳遞的資訊，是否能猜到來自哪一間酒廠？

◎ 神乎其技的盲飲達人存在嗎？

作為一個威士忌的愛好者，免不了接受「盲飲」這項終極考驗。傳說中的達人深深聞嗅杯中酒液、小口啜飲，而後閉目思考片刻，口中便能輕吐出：「雅柏，25年，1975年蒸餾」。天下之大、奇人異士之多，或許真的有人能擁有此種神乎其技的能力，只不過我識見淺薄，至今從未遇過。對岸的「中國威士忌協會」（CWS）於2017年開始，連續舉辦四屆的盲飲大賽，確實出現全數答對的神人，不過這項競賽已經先限定了酒款，而後從這些酒款中取出部分來進行盲飲，如同公開題庫，參加者可私下不斷訓練。我曾於多年前參加6場類似的競賽，雖然是連連看方式，但酒款摻雜了OB和IB裝瓶，基本上毫無風味線索，屢戰屢敗下，從此完全放棄盲飲的可能。

酒友們應該記得2012年有一部電影《天使的分享》（The Angel's share），描述英國社會邊緣人如何重生的黑色喜劇。在這部電影中，蘇格蘭威士忌是劇情的重要催化劑，酒廠風光令人著迷，我們熟悉的作家查爾斯‧麥克林在劇中軋了一角，飾演一位威士忌大師。他在愛丁堡主持的一場品酒會中，徵求5位品飲者上台，採用盲飲方式來猜測酒廠。男主角被朋友拱上台後，跟著其他四人聞一聞香氣、啜飲了一口，然後在格蘭花格和克拉格摩爾之間猶豫。缺乏經驗的主角並沒有答對，卻讓台下收藏家對他敏銳的感官感到驚訝，等品酒會結束後向前攀談，並提供酒廠工作的機會。

　　這一幕戲可說是整部電影最重要的轉折，卻讓我大吃一驚，編劇將格蘭花格和克拉格摩爾這兩間酒廠拿來比對，若非對酒廠風格認知錯誤，便是查爾斯——假設他擔任電影的威士忌顧問——有失職之嫌。因為即便是如同我一般，已經喝到天昏地暗雲深不知處，但這二間蒸餾廠的風格確實南轅北轍，再怎麼也不應該混淆，而如果真的搞混，恰恰顯示了男主角毫無天賦！

　　為什麼我膽敢批評坎城影展的大獎影片，甚至暗示查爾斯‧麥克林失職？格蘭花格是目前蘇格蘭極少數還持續維持直火加熱的蒸餾廠，超過2/3的新酒都是放在雪莉桶內熟陳，酒體厚實，並且向以清楚的雪莉調性著稱。克拉格摩爾利用長發酵來產生較多的水果芳香物質，再藉助蟲桶（worm tub）冷凝設備來增加酒體質量，被譽為斯貝賽產區中擁有最複雜特色的蒸餾廠。電影裡的最終答案是克拉格摩爾12年，以我的經驗而言，若與幾間斯貝賽區的常見酒款搞混情有可原，卻不應該跟雪莉桶風味為主的格蘭花格搞混。

位在北緯63度的瑞典高岸酒廠
（圖片提供／嘉馥貿易）

位在海濱的波摩1號酒窖
（圖片提供／橡木桶洋酒）

◈ 調和手法決定酒廠風格

　　《天使的分享》拍攝於2010年，全球威士忌風潮仍處於初升段，酒廠裝出的OB款不算太多，IB裝瓶也就老字號的那幾十家，與今日百花齊放、眾聲喧嘩的情況大大不同。當時能裝瓶的酒款，主要釀製於威士忌產業剛剛復甦的二十世紀末，或更早的大蕭條時期，基本上維持著1960年以來的傳統風格不變。但10年後的今天，產業景況已經全然改觀，為了因應這一波未見止歇的強大需求，酒廠持續進化。

　　差異在哪裡？正如大家所了解，就算酒廠的製程保持不變，但麥芽品種每10年左右改變一次，而橡木桶來源則因產業的興盛也面臨短缺。更重要的是，酒廠面對的是消費族群的更新和全球化的競爭，加上大量的IB酒款不斷出現，在在都刷新、干擾了酒友對酒廠風格的想像。但是儘管外在環境持續變化，尚不致影響酒廠努力維持的產製風格，最有名的莫過於帝亞吉歐將旗下28間酒廠區分為11種主要風味，並由品飲小組經年累月的確認新酒風味不變。只是當酒廠為了因應來自消費者求新求變和求快的壓力，最終產品的風格還是得變，而變化的關鍵便在於「調和手法」。

　　舉一場不久前參加的英呎高爾（Inchgower）品酒會為例。這間酒廠，過去是以製作調和式威士忌的基酒為主，單一麥芽威士忌裝瓶十分罕見。製作時利用較為混濁的麥汁發酵後進行快速蒸餾，向下傾斜的林恩臂，導致蒸氣難以回流，一切設備的運轉方式都為了達成堅果味（nutty）的設定風格。品酒會裡一款13年的Manager's Dram，於1994年蒸餾，是由酒廠經理親自挑選的限量裝瓶，香氣帶著有趣的灰燼和動物毛皮暗示，而口感中的焦烤感隱藏著帶殼花生，確實反應出（我以為的）新酒風格。不過另一支14年的花鳥版（Flora & Fauna），則是裝瓶數量眾多的普飲款，香

氣口感全是芳馥的果甜和果酸，不僅與Manager's Dram完全不同，也背離了新酒被設定的風味屬性。

最有趣的來了，我於10年前也曾喝過早期的花鳥版，對比當時寫下的品飲紀錄後發現，這款與Manager's Dram蒸餾在相近年份的酒，根本就與10年後的新版八竿子打不著，若非我於這10年間對於風味的描述有極大的轉變，便是這兩個批次的風格變異極大。

類似的批次差異屢見不鮮，格蘭利威、泰斯卡、高原騎士、麥卡倫等早期與近期的裝瓶，即便酒齡相同，風味卻明顯不同，相信許多酒友都有相同的經驗。不過批次差異是一回事，什麼原因導致批次差異又是另一回事，「巧婦難為無米之炊」可能是個原因，而調酒師於不同時間點因應市場需求作的調整，可能又是另一個原因。根據這個理論，我進一步針對「什麼是酒廠風格」的問題，提出一個新鮮大膽的想法：風格是演化下的產物，無論是被迫或自我追求，符合今天市場預期的風格，就是我們目前喝到的酒廠風格。

高原騎士前後版本的差異比較，風格明顯有別

英呎高爾品酒會中，花鳥版的風格變異讓我驚訝

◈ 演化論與網紅臉

　　不過我們討論到酒廠風格時，必須先確定這種用於標定酒廠的特殊風味，只存在於核心酒款，酒廠裝出的特殊款、單一桶，或是百花齊放的IB款不具代表意義。其次，「演化論」的基本原則是「適者生存，不適者淘汰」，在時間長河裡，淹沒不見的核心款所在多有，我們喝不到的酒，當然無法得知這些酒款的風格。試想，過去不同的酒廠曾推出哪些OB款，然後如泡沫般的消逝不見？許多酒友緬懷、追求這些已經不存在於市場的酒款，或是從IB款去尋覓某些特殊風味，不正是對於非主流的浪漫情愫嗎？

　　確實，以近10年各酒廠力推的主流酒款來看，風味的確逐漸拉近。譬如所有打著「台灣限定」招牌的酒款，若非酒色深邃的Oloroso雪莉桶，就是甜美的PX過桶；一系列的Flora & Fauna，包括前面提到的英呎高爾，都走花香與果甜並重的輕柔甜美風；「冰與火之歌」一式八款，除了泰斯卡

與樂加維林，款款輕柔曼妙，差異著實有限。這些應合著大眾喜好口味的調整，打個壞心眼的比方，便如同網路上長相甜美、但讓人無從分辨的網紅臉，討喜，卻媚俗，但若從酒廠的角度看，不正也展現了調酒師強大的選桶能力和調和技術？

格蘭傑的比爾博士曾提過，約莫30年前，他與已故的威士忌大師麥可傑克森有一段深刻對話。當時的他們有些憂心，因為蒸餾廠使用的原料來源相同、製法相似，可能導致酒廠消失了獨特性。這段談話讓年輕的比爾博士銘刻在心，也是他後續一系列實驗性產品的重要緣由。只不過來到今天，大麥及酵母菌原料依舊由大型廠商供應，很難從源頭去改變風格趨近的問題，而且在追求銷售量和利潤的大前提下，調酒師運用技巧把酒款調製得越來越相近，似乎已經成為不得不的趨勢。

◈ 風格的變與不變

近幾年的IB裝瓶有個趨勢，因為受到原廠壓力，無法在酒標上提供酒廠名稱，逼迫酒友們必須從酒廠風格去辨識酒液來源。其難度在於，單桶的IB與調和後的OB風格本來就不一致，而風味的差異更是微妙，可能相似，也可能南轅北轍，若加上從中作梗的橡木桶，如初次裝填的雪莉桶或過桶，那麼只能憑運氣亂猜了。也因此，著名的「蘇格蘭麥芽威士忌協會」（The Scotch Malt Whisky Society, SMWS）酒標上的酒廠名稱都被隱匿，僅按照裝瓶時間順序給予不同的代號，但是當人人都知道代號與酒廠的關聯後，從2018年起，更進一步的利用12種不同的顏色來對應風味屬性，將酒廠的地域風格再次打破。

不過，千年前的蘇東坡早告訴過我們「自其變者而觀之，則天地曾不能以一瞬；自其不變者而觀之，則物與我皆無盡也」。面對持續變化的市

場，酒廠有其非變不可的理由，但其實有利於消費者，因為我們有更多的機會去享受變化的樂趣，而且就算胡亂猜測，也增添許多品飲話題。但是對於面目模糊的網紅臉，記得已退休的三得利調酒大師輿水精一先生曾諄諄教誨「全部都是優等生就一點都不有趣了」，這句話我過去不了解，但今日喝到風格越來越相近的眾多酒款，似乎有些領悟。

以風味替代酒廠之SMWS
（圖片提供／華緯國際）

WHISKY
04

恭喜！我們的酒獲得95分的高分

「長期支持我們的威士忌愛好者，非常高興的向大家宣布，我們代理的酒在今天公布的《威士忌聖經》中，獲得了95分的高分。這項高分榮譽，不僅代表了我們團隊精準的選酒能力，也代表了酒廠對於台灣市場的重視，未來我們將會更加努力，為酒友們爭取更多的好酒……」

　　每年10月《威士忌聖經》（Whisk(e)y Bible）上市，總會在酒友、酒肆間掀起一股腥風血雨——嗯，我是說街談巷議。以2019年版為例，William Larue Weller Bourbon （97.5分）、Glen Grant 18年（97分）和Thomas H Handy Sazerac （97分）分別獲得前三名，但是台灣酒友對美威實在不熟，很難去評論1、3名，至於第2名的Glen Grant，又是清雅恬淡的波本桶，與厚重結實的雪莉桶主流相距甚遠，也激不起太多漣漪。2020年版更叫人大吃一驚，不僅前三名都是美威，而且全都來自Sazerac這間公司，對於蘇威的擁護者而言真是情何以堪！雖說如此，書裡的評分依舊引發關注，尤其是獲得相對高分的酒款，很容易被拿出來當作行銷利器，在店門口、酒款旁或是社群媒體上大肆宣傳：「恭喜！我們的XXX獲得《威士忌聖經》95分的高分！」

　　先來談一件趣事。話說我於撰寫《威士忌學》期間，原本擬將「國際烈酒競賽」納入書中，因此事先收集了資料並完成其中一部分。在我們熟知的各項競賽中，成立於1969年的「國際葡萄酒暨烈酒競賽」（International Wine & Spirit Competition, IWSC）歷史最為悠久，向有「酒界

奧林匹克大賽」之譽，競賽規則很透明的在官網上公佈。只是近日比對
2018年與2019年的資料，突然發現競賽規則做了改變，獎牌名稱稍有不
同，但大幅提高各級獎牌的評分，如下表所示：

	2018年		2019年	
1	特級金牌	93分以上	首獎（Trophy）	由評審決定
2	金牌	90～92分	特級金牌（Gold Outstanding）	98～100分
3	特級銀牌	86～89.9分	金牌	95～100分
4	銀牌	80～85.9分	銀牌	90～94分
5	銅牌	75～79.9分	銅牌	85～89分
6	還好，但還不足以獲得獎牌	66～74.9分	佳，但不足以獲得獎牌	80～84分
7	合格	50～65.9分	不及獎牌水準	75～79分
8	有問題	50分以下	有問題	74分以下

　　IWSC直接在獎牌上標註了評分級距，讓酒廠、酒商刊登行銷廣告時
無所遁形。在2018年以前，假如酒款得到金牌，獎牌logo旁寫上90～92分
已經不夠威猛亮眼，何況是銀牌的80～85.9分或是銅牌的75～79.9分，實
在很難拿出來誇耀。若與其他標註評分的競賽比較，如網路上擁有極大
聲量的「麥芽狂人競賽」（MMA），這種偏低的分數作為廣告行銷簡直
有點丟臉。顯然IWSC也意識到這一點，於是在2019年做出調整，銅牌以
上的分數直接調高10分左右，甚至創造直上滿分的「特級金牌」，讓金
牌以上的酒款擁有百分百的無上榮耀。

IWSC於不同年代的評分
（截取自網路）

個人擁有唯一的一本《威士忌聖經》

⊗ 反對評分的理由

對於從小在「分數」中長大的酒友來說，評分的重要性不可言喻，尤其是我們這些戰後嬰兒潮們，經歷過「少一分、打一次」的填鴨教育，對於分數更是斤斤計較。不過威士忌的評分充滿爭議，不是每個品飲者都願意給出評分，事實上，平日實際執行評分的品飲者如鳳毛麟角。

反對一方認為，品飲是一種純粹個人的感官體驗，從品飲的環境、陪伴品飲的人、溫度、濕度、聲響或燈光，身居週遭充滿太多太多可能影響體驗的變因。將這些意識中或潛意識下的經驗，化成分數去總結，猶如在充滿複雜變數且持續流動的條件下，為短暫的感官經驗建立起量化標準。由於每個人的每一分每一秒都處在不同的情緒和身體狀況，這種量化標準不具有科學上的重複意義，也難以達到一致性，若以相對極短的經驗去為某支酒下定論，其實是非常不公平的。

此外，許多嚴肅的品飲者也主張，評分者常常採用挑剔缺點的方式去評鑑酒款，而非挖掘優點。他們認為，每支酒都有人喜歡或不喜歡，站在撰述人的立場，與其雞蛋裡挑骨頭，更應該去尋找出每一款酒值得欣賞的部分，讓消費者享有更深一層的認識。更何況威士忌傳承數百年，每一款酒都包含著酒廠的歷史、典故和製酒人的心血，評分會讓一般消費者無視於這些付出，只濃縮成簡單的數字，甚至與價格合併計算其CP值。這些作為，毋寧是某種對威士忌的不敬或褻瀆。

除此之外，評分者通常以一杯20、30cc的酒，可能剛剛開瓶，也可能開瓶許久，或是已經倒進酒杯裡氧化很長一段時間，便為整瓶、整桶或甚至數十萬瓶的整批次酒下定論，可說以偏概全之至。酒友們應該都有類似的品飲經驗，一瓶酒從開瓶到飲盡，其香氣口感都可能因氧化程度而緩慢變化，我們也可能因此而轉變喜好程度，中間任何一個時間點擷取的片段都不完整，當然也就不具代表意義。

◈ 分數，是非賣品

　　以上的論證都沒錯，一針見血的指出評分的缺陷，其中對「非一致性」的質疑是支持方無法迴避的最大問題，但也不是沒辦法克服。

　　網路上累積最多評分紀錄的品飲者絕對非瑟佶大叔（Serge Valentin）莫屬，統計到2020年5月，威士忌品項已經超過15,420筆。他在網站中說明，為了達到評分的一致性，他遵循一套行之十數年的辦法，包括：

- 在家中相同的位置與相近的時間試酒。

- 評分前先快速喝一些基本酒款來校正感官，如雅柏10年或高原騎士12年。

- 將風味、酒齡近似的酒款放在一起試，酒體由輕至重，泥煤款通常擺在最後。

- 所有的酒款一字排開，全部倒入相同的酒量，按順序一款一款的聞，而後一款一款的喝，加點水再喝一遍，反覆確定後才寫下最終的評分數字。

　　最重要的是，瑟佶大叔持續提醒讀者，「分數」只是他對一款酒的意見表達方式，或是用來快速喚起自我記憶，讀者不需要四處搜尋他的高評分酒，因為他的喜好無法替代他人，唯有自己的感官確認才是最終評判。

　　除了一致性，另外還有公正性問題，唯有不偏不倚的評分才能被眾酒友所接受。瑟佶大叔的評分一直為眾人接受，原因在於Whiskyfun網站完全獨立經營，不出書、不包桶賣酒，所以當然也不賣分數。與他相較，《威士忌聖經》的分數就存在爭議，尤其是冠軍酒款時常讓人大吃一驚，都

大大折損了分數的公正性。

　　就公正性而言，如我一般的評分者須戒慎恐懼，更須把持許多重要關節，尤其是被酒商視為達人、KOL（意見領袖）時，免不了接受各種禮遇，此時打出來的分數必須禁得起考驗。讀者的眼睛可能被矇蔽一時，但不會被矇蔽一世，比對評分者經年累月的分數和評語，自然可看出其中端倪。

◈ 烈酒競賽的評分標準，是這樣來的

　　所有的烈酒競賽，都必須倚靠經驗豐富的評分者才能確立獎牌。所謂「經驗豐富」，指的是長年累月的浸淫在各式酒款裡，擁有足夠的品飲廣度，才能不偏不倚的給予正確、精準的分數。某些短期競賽，會邀請某些專家達人或甚至業餘愛好者擔任評審，假若這些評審平時並未進行自我評分訓練，或甚至從來沒有評分經驗，貿然開始評分，所打的分數是值得懷疑的。

　　不過任何競賽，評審均來自四面八方，即便每位評審都擁有豐富的評分經驗，但評分標準不可能完全相同，假若同一款酒，A評審依據平日的基準給90分，B評審則是80分，那麼將無法獲得公允的平均分數。因此嚴謹的競賽，各類型威士忌（通常以產國、產區或酒齡來區分）的評審團主席必須告知所有評審有關評分的標準，並以市面上最常見、每位評審一定喝過的某幾支酒，如格蘭利威12年、格蘭菲迪12年或雅柏10年等，作為基準分數酒款。更好的方式是在現場準備這些基準酒款，讓評審得以隨時校正感官。

　　我曾擔任一次評審，於1個月內為160多款酒評分，主辦方給予的唯一基準是雅柏10年。對我而言一支基準款已經足夠，因為和過去的經驗

比對算出差值後，其餘酒款便依平日的方式給分，再按差值調整即可。就因為每項競賽都有各自的評分基準，當IWSC於2019年提高獎牌的評分級距時，並不代表給獎更為嚴苛，而是將基準分數拉高，譬如原本為80分的基準酒款，2019年調高為90分，當然整體平均分數也因此提高10分。

◈ 一個評分者的告白

身為一個資深評分者，我當然大力支持評分。回想過去十數載歲月，每日案牘勞形的工作後，最大的樂趣莫過於夜裡的品飲時間，將珍藏的樣品按順序一一試過，如睡前儀式般甜蜜而幸福。我與瑟佶大叔的方法相仿，但動作緩慢，每晚大多只試一款酒，藉由固定的時間、固定的位置和固定的品飲杯來確定評分的可靠。

但我必須承認，在這麼多年的評分後，即便經驗值持續增加，仍不容易維持分數的一致標準。這種「測不準」的原因來自兩方面，一方面評分光譜不斷擴大，過去讚不絕口的90分，歷經更多好酒的滌清後，可能降落為今日的88分，這是「相對分數」與「絕對分數」的差異；另一方面，口味喜好免不了隨時間而轉變，譬如我從過去雪莉桶的熱烈擁護者，反璞歸真為波本桶的基本教義派，而年輕時非高酒精度、重泥煤不歡，近年則火氣大減的偏向輕緩柔和。

這種情況，相信其他的評分者也可能發生，就算是微小的喜好轉變，時間拉長後，差異便逐漸凸顯。不過除非是酒廠的核心款，否則大部分酒款都屬於「僅此一次」的經驗，罕有針對相同酒款重複評分的情形，也因此逃掉了一致性的檢驗（擦汗）。

　　但另一個較大的問題是，「僅此一次」的評分紀錄都來自一個小小樣本，或是購買、或是酒友情義相挺、相互交換，因此難以代表一支酒從開瓶到喝完的整體表現。這一點絕對無法解釋，即便大家信服的瑟佶大叔，或不信服的JM，甚至具有公信力的國際烈酒競賽，所有的評分皆如此，都只是短暫的個人主觀印象，也是評分紀錄僅供參考的原因。唯一可以解釋的是大數法則，也就是像瑟佶大叔累積超過15,000的評分紀錄後，感官裡的那把尺已經無比恆定，可能影響評分的變因都已消弭於無形。與他相較，我的評分記錄只有2,000多筆，自然不具公正性，當然也不會有酒商拿來做宣傳了（笑）。

我自2005年以來的評分統計圖

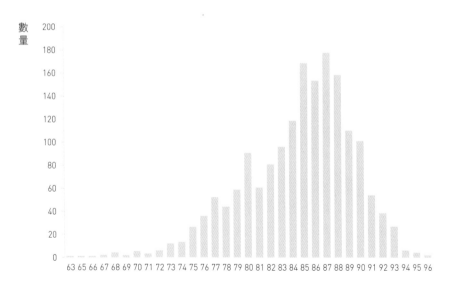

◈ 你的愛，不一定是我的菜──狂人打分數的意義

　　全球最大的品飲紀錄資料庫，不是瑟佶大叔的網站，而是「麥芽狂人」（Malt Maniacs）建立的Monitor，擁有超過17,000多筆資料。如果酒友進入網站查詢，會發現同一支酒可能擁有多位「狂人」的評分，但分數參差不齊，時時差距很大。事實上，酒友們如果仔細檢討每年「麥芽狂人競賽」公布的成績，評審之間的分數差距可能達一、二十分。為什麼「麥芽狂人」願意將所有分數都坦蕩蕩的公開？原因很簡單，因為這些分數並不代表他們對酒的評價，而是對於某一支酒的喜好程度。簡單說，90分的酒並不一定優於89分的酒，而是在試飲的當下，比起89的酒稍微多了一點點的愛好而已。

　　所以，各位酒友們，當你們下回再看到「恭喜！我們的酒獲得95分的高分！」時，不妨存一些懷疑、多一點思考，分數背後值得追究的眉角的確很多。

MMA2018	Median	OH	KG	PdS	KN	RK	PS	UB	PB	TP	Description
27	91	91	92	84	89	92	82	94	84	93	Kavalan Solist Sherry Cask (57.8%, OB, S081215028, Sherry Butt, 496Bts)
8	91	92	90	84	91	91	84	93	87	91	Kavalan (57.8%, OB, Cask OO90619031A, Port Cask, 184Bts)
135	91	70	92	79	91	92	86	94	91	92	Kavalan Selection (59.4%, OB, C#N060828A47, Virgin Oak, Whisky Live Paris 2018, 89Bts,)
25	90	90	90	86	86	92	77	96	84	90	Kavalan 7YO 2010/2017 (58.6%, OB For Asia Palate Association, C#S100309004A, Sherry Butt, 504Bts,)
66	90	90	90	85	92	90	84	95	84	87	Kavalan Solist Sherry Cask (58.6%, OB for Tiger Selection Qian Zhuo, C#S090306021, 1st Fill sherry butt, 476Bts)
68	90	87	93	87	90	91	83	97	83	90	Kavalan Solist Sherry Cask (56.3%, OB, C#S090102018, 1st Fill sherry butt, 473Bts)
71	90	90	90	86	91	92	84	94	84	91	Kavalan Solist Sherry Cask (59.4%, OB for Tiger selection Fu Yun, C#S090306028, 1st Fill Sherry Cask, 463Bts)
93	90	95	90	83	90	93	73	95	92	88	Kavalan 7YO 2010/2017 (56.3%, OB C#S100303016A, Oloroso Sherry Butt, 502Bts)
138	89.5	X	89	89	90	90	70	96	81	89	Benrinnes 20YO 1997/2018 (55.0%, Signatory, C#9734, Sherry Hogshead, For LMDW, 239Bts)
58	89	86	91	92	90	89	85	95	88	87	Caol Ila 7YO 2011/2018 (56.1%, Asta Morris, C# AM055, 580 Bts)
69	89	86	89	89	90	91	79	92	83	91	Kavalan Solist Sherry Cask (57.8%, OB for Tiger Selection Jue Xiang, C#S090306022, 1st Fill sherry butt, 474Bts)
81	89	90	93	91	85	87	83	89	89	89	Springbank Blackadder Statement 31 2001/2018 (59%, Blackadder, C#130, Sherry Hogshead, 96Bts)
102	89	90	90	87	87	88	84	94	85	89	Kavalan Solist Sherry Cask (59.4%, OB, C#S120622045A, 1st Fill Oloroso Sherry Butt)
156	89	90	93	86	90	88	80	94	85	89	Kavalan (55.6%, OB, C#S081229029, 497 Bts)
129	88.5	98	77	X	90	89	90	88	91	89	Amrut Chronicles 2012/2018 (60%, OB for La Maison du Whisky, Bourbon, 660 Bts)
16	88	92	91	89	87	86	93	90	88	79	Ledaig 20YO 1997/2017 "Stealing Beauty" (61.1%, Spirits Salon, C#800111, bourbon barrel, 120Bts)
23	88	90	90	85	86	88	78	94	88	87	English Whisky Company, 8YO 2009/2017 (52.3%, That Boutique-y Whisky Company, C#800/424, Sauternes/Bourbon Barrels, 845 Bts)
26	88	89	88	87	87	88	75	89	83	91	Glenfarclas 1990/2016 (57.7%, OB for Asia Palate Association, #9487, 546 Bts)
44	88	88	88	90	87	92	84	92	86	83	OMAR Single Peated Malt Whisky Cask Strength (59%, OB, C#11140796, Bourbon Barrel)
49	88	88	88	87	85	84	91	88	84	87	OMAR Single Malt Whisky Cask Strength (53.8%, OB, C#23130012, Sherry Cask)
51	88	78	88	88	92	89	77	88	87	90	Edradour 11 YO 2004/2016 (59.2%, OB for Taiwan Warrior Series, C#416, 1st Fill Oloroso Sherry Cask)
52	88	87	88	88	88	84	97	78	86		Bunnahabhain 9YO 2007/2017 (56.8%, Chieftain's, Cask 3755, Peated Hogshead, 291 Bts)
72	88	87	81	X	X	89	X	98	89	87	Glenfarclas 22YO 1994/2016 (58.4%, OB for Tiger Selection Pisces Tiger, C#3981, Sherry Butt, 276Bts)
73	88	91	85	89	88	84	89	90	83	91	Glenfarclas 15YO 2001/2016 (59.3%, OB, C#3933, 579 Bts)
78	88	91	90	88	87	87	83	90	92	82	Bowmore 20YO 1997/2018(56.3%, Adelphi, 601 Bts, C#2414, 601 Bts)
95	88	96	88	84	90	83	95	84	87		Kavalan 8YO 2009/2017 (57.8%, OB, #S090319003, Sherry Cask, 473 Bts)
101	88	84	93	86	88	92	80	90	87	88	Kavalan 2009/2017 (58.6%, OB for HNWS, C#S090608002A, Oloroso Sherry Butt, 466Bts)
104	88	83	85	87	88	83	91	90	84	87	Kavalan Solist Port (57.8%, OB, C#O110126015A, 1st Fill Port Cask)
105	88	92	84	86	89	91	78	92	88	88	Kavalan Solist Moscatel (56.3%, OB, C#AO100625020A, 1st Fill Moscatel Sherry Cask)
116	88	87	90	80	87	89	79	92	88	89	Blackadder Raw Cask Loch Indaal 2007/ (63.2%, Blackadder, C# 3413, Hogshead, 244Bts)
132	88	82	92	87	88	90	92	83	88		Glengoyne 9YO 1986/2017 (54.2%, For Taiwan, 505 Bts)
136	88	85	88	89	90	91	80	87	85	88	Edradour 2008/2018 (57.9%, OB, #6, First Fill Sherry Butt for LMDW, 515Bts)
137	88	89	90	90	88	87	83	95	87	83	Chichibu Peated 2012/2018 (62.9%, OB, C#2070, ex-Hanyu Cask, For LMDW, Mangacamo #, 256Bts)

MMA2018的評分

（截取自MMA官網）

WHISKY
05

恭喜！我們的酒再奪一面金牌！

「各位親愛的媒體記者與達人朋友們，很榮幸也非常高興的向你們分享一個喜訊，我們的XXX12年在剛剛公布的世界烈酒大賽中，獲得金牌的至高榮譽，更被選為最佳斯貝賽區蘇格蘭威士忌……」

　　多年前首次參加三得利的調酒大師輿水精一帶領的品酒會，他感性的提到在千禧年以前，全球愛酒人士只知道蘇格蘭威士忌，日本威士忌根本無人聞問。但是等到山崎12年在2003年獲得「國際烈酒挑戰賽」（International Spirits Chanllenge, ISC）的金牌，隔年山崎18年獲得「舊金山葡萄酒暨烈酒競賽」（San Francisco Wine and Spirits Competition, SWSC）的雙金牌，加上1983和1986年份款再度獲得ISC的金牌榮耀後，從此一舉聞名天下知，開啟了日本威士忌至今仍熱得發燙的黃金時代。

　　行事拘謹、態度謙和的日本歐吉桑，提起這一段往事，臉上露出的驕傲與自信，足以證明金牌之閃耀光輝，對於力爭上游的酒廠確實有莫大的吸引力，因為這是打響知名度的最佳晉升階。台灣的噶瑪蘭使用這套策略最是酣暢淋漓，自2009年首度釋出酒款，至今已累積超過300面的獎牌；南投酒廠循著噶瑪蘭的腳步，同樣在各大國際烈酒競賽攻城掠地；至於印度的雅沐特，於2012年裝出「融和」（Fusion）之後，已經擄獲超過40面的金牌，號稱是目前亞洲獲獎紀錄最多的單一酒款。這許多案例，在在說明了金牌（獎牌）加持的重要性，否則在酒款多如過江之鯽的威海中，如何得到悠悠酒友關愛的眼神？

◈ 一段往事：世界烈酒之最

不過，且讓我再談一件往事。約莫在10年多前開始，坊間酒專、酒肆舉目可見大大的宣傳看板，上書「世界烈酒之最：高原騎士18年」。這個招牌一直掛到2015年仍未卸下，但如同絕大多數的消費者一樣，我對這個口氣超大的廣宣文字從來沒去查詢來源，頂多只是和自己的品飲經驗比較，等到開始整理烈酒競賽的種種時，才從記憶深處翻出這件事。為了找出這句slogan的起源，我使用幾個關鍵字在網路上搜尋，發現原來是美國一位品飲撰述者F. Paul Pacult，於2005年在他發行的Spirit Journal中，列舉出100種世界最佳烈酒，高原騎士18年高居首位，所以被他冠上"The best spirit in the world"的堂皇評語。

Spirit Journal這個網站至今依舊存在，Pacult先生也持續發表年度最佳烈酒，甚至也舉辦稱為Ultimate Spirits Challenge的烈酒競賽。很顯然，他對高原騎士的熱愛並未隨時間而磨滅，因為同一款酒在2009年又再度掄冠，而且在2013年的競賽中，高原騎士25年獲得前所未有的滿分100分，風光之至。只不過我於追尋這件可能被酒友們淡忘的軼事時，忍不住思考，2005年大型國際烈酒競賽如「國際葡萄酒及烈酒競賽」（IWSC）、「國際烈酒挑戰賽」或「舊金山世界烈酒競賽」早已進行多年，但是在網路尚未盛行，台灣的行銷團隊如何去注意到一個名不見經傳、只是個人網站的評價結果？（名不見經傳至今依舊，如果不追溯這個軼事，絕大部分的酒友應該都沒聽過、看過Spirit Journal吧？）

「世界烈酒之最」的slogan使用至少6、7年，早年認識「單一麥芽威士忌」的人不多，氣吞山河的看板確實能吸引人駐足。不過江山代有人才出，各大烈酒競賽持續舉辦，當每支酒款都握有相當數量的金牌時，廣告的效益不僅逐漸降低，而且有多少消費者能認清廣告文宣底下暗藏的玄虛？

Stephen Beal　　Dawn Davies MW　　Joel Harrison　　Arthur Nägele　　Richard Paterson

IWSC 50週年頒獎典禮
（圖片截取自官網）

各式各樣的國際烈酒競賽
（圖片截取自網路）

◇ 世界組冠軍可不代表全球冠軍

首先，讓我們認識幾個國際知名的烈酒競賽。前面提到的IWSC、ISC、SWSC，以及由威士忌雜誌自2007年開始舉辦的「世界威士忌大獎」（WWA），和匯集網路愛好者自2003年開始舉辦的「麥芽狂人大獎」（MMA），應該是大眾最常聽聞的國際競賽。其他大大小小的比賽不勝枚舉，例如相對年輕的「國際威士忌競賽」（IWC）、曾在台灣高雄辦過的「布魯塞爾烈酒競賽」、「蘇格蘭威士忌大獎」（SWA）、「東京威士忌及烈酒競賽」（TWSC）、或「國際烈酒評鑑」（IRS）。這些競賽的賽制大多相仿，由多位評審於每年某一段時間內針對參賽酒款評分，而後再依據競賽規則給獎，唯有IRS較為特殊，在一整年中，每個月評定某些特定酒種的分數給獎，若非噶瑪蘭的宣揚，否則我一無所知。

上述比賽中所謂的「烈酒」包羅萬象，舉凡苦艾酒、干邑、白蘭地、琴酒、利口酒、皮斯可酒、蘭姆酒、燒酒、龍舌蘭、伏特加、威士忌、中式白酒和穀物烈酒等等，全都可能包含於競賽類別。至於我們所關心的威士忌，雖然只是烈酒之一，但由於世界各地的烈酒產業都不缺席，因此通常是各大競賽中的重頭戲，所占的篇幅最廣，且由於品項繁多，全放在一起評比有失公允，因此再細分為不同的類別各自PK。

有哪些類別？由於主辦方多位在歐美地區，因此大部分以產國來區分，如蘇格蘭、美國、愛爾蘭或加拿大等幾個大類，剩餘產國全歸屬在「其他國家」（Worldwide）；日本雖然也是五大產國之一，但可能獨立為一個類別，也可能被劃入「其他國家」；至於蘇格蘭威士忌因酒廠林立，參賽者眾多，通常會將幾個重要的產區獨立評比，如斯貝賽區、高地區、島嶼區等。此外，由於50年的老威與10年年輕款評比，未免倚老

欺少，因此產國、產區項下，通常也區分酒齡各自評比，但是酒齡區分的方式在不同競賽或有參差。單一麥芽和調和式威士忌一向分開較勁，少部分競賽也會區分泥煤版與非泥煤版。不過在所有競賽中，MMA獨樹一格，參賽的威士忌不分類別、不分酒齡的一起盲飲，純粹以風味決勝負。

　　以上讓人眼花撩亂的分類方式，酒友們看出端倪了嗎？當競賽類別越分越細、越分越多，獎牌數量當然隨之增加，參賽者的獲獎率大大提高，主辦方則因收取報名費和出售得獎標章（是的，貼在得獎酒款上的標章必須付費購買）則多了收益，絕對是一個皆大歡喜的雙贏局面。基本上，行銷不會告訴消費者獎牌是從哪個類別中取得，消費者通常也不會去追究，假如某個特殊類別只有1款酒參賽，那麼獎牌根本唾手可得。另外也須特別注意「其他國家」（Worldwide）類別，因為可取巧的翻譯成「全球」，當行銷大肆宣揚「我們獲得Worldwide金牌」時，請千萬小心，這面獎牌的競爭酒款已經先扣除蘇格蘭等傳統產國。

◈ 競賽的規則──舉WWA為例

　　除了MMA以外，所有的競賽都必須繳交報名費，費用從139英鎊/款（IWSC）到500美金/款（IRS）不等。大型競賽每年都在固定時間舉辦，因此參賽的酒款報名後，必須在截止期限前寄交限定數量的酒款，由於類別眾多，參賽酒款可自行指定對己有利的參加類別，而各類別則由大會評審團依各自的評審方式進行評選。每個競賽的官方網站或多或少公佈評審團的組成和規則，譬如IWSC在2019年適逢50週年，所以請出如理查·派特森、大衛·史都華、比爾·梁思敦等幾位大老組成評審團，陣容十分堅強。

　　各競賽的評選方式不盡相同，可能採一次數天（如SWSC）、二階段

（如IWSC）或三階段（如WWA）等方式，但無法很完整的從官網上得知，也許只有參賽者才有權利知道。酒友們讀到這裡可能會舉手發問，既然如此，哪一項競賽最為公平？我以為皇后的貞操不容質疑，但如果官網說明得越是清晰透明，越能杜絕各方懷疑。基於此，從嚴謹的角度觀之，WWA採三階段評審後，選出「年度最佳威士忌」應該最實至名歸。為了讓酒友了解其繁複的規則，我將2020年的比賽結果整理成附表並簡要說明如下：

第一階段：以盲飲方式，針對不同類型的威士忌（總共16種），以產國及／或產區為單位，依據競賽的分類法（如NAS、12年以下、13～20年、21年以上）進行評分，而後依評分高低分別頒予數量不等的金、銀、銅牌，並且評選出該分類的優勝者（winner）。WWA官網公佈了2020年第一階段的評選結果，可自行下載，為了讓酒友更容易瞭解，我將「單一麥芽威士忌」的分類下，各產國、產區的優勝者列為表1。以台灣而言，只有噶瑪蘭參加這個類型的競賽（OMAR參加「單桶單一麥芽威士忌」類型），也成為此類型的產國優勝者。

第二階段：評審同樣以盲飲方式，從各產國、產區的類型優勝者中，選出冠軍酒款。2020年的WWA並未公佈此一階段的優勝者，不過以「穀物」及「單一麥芽威士忌」為例，台灣只有Holy及噶瑪蘭參加NAS分類，成為當然的冠軍，但「單桶單一麥芽威士忌」的台灣隊分別參加了2種分類（12年以下及NAS），雖然都是Omar，但必須PK出勝負。

第三階段：各產國、產區的各類型冠軍將在這個階段互相評比，選出最終的世界最佳威士忌，因此評審的組成尤其重要，除了前2輪的評審以外，另外還邀請蒸餾者及專家組成評審團。2020年3月底公布了16個類型的冠軍酒款，整理如表2，可惜台灣隊在3種類型中都未能更上一層樓。

◇ 烈酒競賽就是行銷啊！

以上繁雜的說明，無非是向酒友們傳達獎牌背後的眉眉角角，而根據每年輪番在不同的酒類競賽中祭出的金盃（Trophy）、雙金牌和金牌，統計整理之後，我提出以下幾點供大家思考：

1. 以盲飲方式決定獎牌的競賽基本上都是公平的，不過越是公開透明的評審組成和評選辦法，越能夠叫人信服。從這個標準來看，IWSC官網揭露的資料最多，SWSC最少，但沒有任何競賽比MMA更透明，因為它公佈了每位評審針對每款酒款的評分，坦蕩蕩的接受任何質疑。

2. 所有的酒類競賽都是行銷的一環，所以從報名、頒獎、媒體批露到標章、貼紙的販售都牽涉費用，也都充滿商業氣息。以主要的國際競賽而言，我以為SWSC的商業氣息最為濃厚，甚至官網上還釋出一份「如何善用獎牌」的教戰手冊，可自由下載。

3. 參賽當然是為了得獎，而為了得獎，如何選擇適當的參賽類別至關緊要。聰明的參賽者可參考歷年的得獎資訊，再選擇對己有利的項目參賽，或乾脆挑選給分、給獎都大方的競賽參加。從WWA 2019第一階段結果的資料可以得知，許多優勝者或金牌其實是沒有競爭對手的。

4. 針對上一點，我的業界好友告訴我，並不是參賽就想得獎，許多酒廠、酒商行銷部門的思維不是我們所能了解，譬如他們可以輕易送出如格蘭菲迪40年（2019 ISC金盃）或大摩45年（2019 ISC雙金牌），以及高原騎士50年（2019 WWA優勝）這種超高酒齡、價錢也讓人瞠目結舌的酒款去比賽，但並不是很關心結果。

5. 聰明的消費者看到琳瑯滿目的獎牌時，必須能分辨獎牌背後的競賽規模、評審組成、評選辦法等，如果能進一步的得知競爭酒款（參

考同類別的其他獎牌），便可了解這只獎牌的含金量。

6. 從任何標準來看，MMA都應該是最無情也最公允的競賽，不過太聰明的參賽者發展出局外商業模式，幾乎讓這個業餘競賽無法繼續辦下去，最終只能修改辦法，盡量減少商業操作的可能。

　　確實，消費者很難逃離酒類競賽的獎牌魔咒，只能老話一句，個人感官永遠是最終的裁判者。

表1　2020年WWA第一階段金牌及優勝者（類別：單一麥芽威士忌）

國家／地區	NAS	≤12yo	13～20yo	≥ 21yo
美國	Courage & Conviction	Balcones '1' Texas Single Malt	The Notch Nantucket Single Malt 15yo	-
澳洲	Lark Whisky Classic Cask	Watkins Whiskey Co. Single Malt Hybrid Cask	Hellyers Road Distillery 15yo	Sullivans Cove 25th Anniversary Edition
比利時	Gouden Carolus	Filliers Single Malt Whisky 10yo	-	-
巴西	銅牌	-	-	-
加拿大	Shelter Point Distillery Old Vines Foch Reserve	-		
丹麥	銅牌	Stauning Whisky-Stauning Peat Moscatel	-	-
荷蘭	-	Sculte Twentse Whisky Batch 5		
埃及	銀牌	-	-	-
英格蘭	The English Whisky Company Smokey Virgin	The English Whisky Company Triple Distilled	-	
芬蘭	金牌	-	Teerenpeli Juhlaviski 13yo Double Wood	-
法國	Brenne Estate Cask	Armorik Single Malt 10yo 2019 Edition	-	

國家／地區	NAS	≤12yo	13～20yo	≥ 21yo
德國	St. Kilian Distillers Signature Edition Two	Brigantia Sherry Cask Finish	-	-
印度	Paul John Indian Single Malts Brilliance	Amrut Kadhambam	-	-
愛爾蘭	J.J. Corry Irish Whiskey The Vatting No.1	The Whistler The Blue Note – 7yo	Dunville's 18yo Palo Cortado Sherry Cask Finish	Teeling Whiskey 30yo Vintage Reserve
以色列	-	M&H Sherry Cask	-	-
日本	Okayama Single Malt Triple Cask	The Essence of Suntory Whisky Yamazaki Montilla Wine Cask	Hakushu 18yo	Hakushu 25yo
紐西蘭	銅牌	The Cardrona Distillery Just Hatched	-	-
蘇格蘭坎貝爾鎮	Glen Scotia Double Cask	-		Glen Scotia 25yo
蘇格蘭高地	Glenglassaugh Torfa	Glencadam 10yo	Royal Brackla 16yo	The GlenDronach Parliament 21yo
蘇格蘭島嶼	Highland Park Valfather	Ledaig 10yo	Arran 18yo	Jura 21yo
蘇格蘭艾雷島	Bunnahabhain Toiteach A Dhà	The Character of Islay Whisky Company Aerolite Lyndsay 10yo	Ardbeg Traigh Bhan 19yo	Ardbeg 25yo
蘇格蘭低地	-	Kingsbarns Dream to Dram	-	金牌
蘇格蘭斯貝賽	SPEY from Speyside Trutina Cask Strength	The GlenAllachie 10yo Cask Strength Batch 3	Aultmore 18yo	Aultmore 21yo
南非	-	Three Ships 10yo	-	-
西班牙	Agot Single Malt Basque Whisky Pioneer Edition	-	-	-
瑞典	High Coast Whisky The Festival 2019	Spirit of Hven Seven Stars No.7 Alkaid	-	-
瑞士	Seven Seals Sherry Wood Finish	金牌	-	-
台灣	Kavalan Whisky Oloroso Sherry Oak	-		

表2 2020年WWA第三階段優勝者（世界最佳威士忌）

類別	酒款
單一麥芽威士忌	The Hakushu Single Malt 25yo
單桶單一麥芽威士忌	Tamdhu Sandy McIntyre's Single Cask No.2986
調和麥芽威士忌	MacNair's Lum Reek Peated 21yo
調和威士忌	Dewar's Double Double 32yo
限量調和威士忌	Ichiro's Malt & Grain Japanese Blended Whisky Limited Edition 2020
穀物威士忌	Fuji Single Grain 30yo Small Batch
壺式蒸餾威士忌	Redbreast 21yo
波本威士忌	Ironroot Harbinger
單桶波本威士忌	Rebel Yell Single Barrel 10yo
田納西威士忌	Uncle Nearest Premium Whiskey 1820 Single Barrel
裸麥威士忌	Archie Rose Rye Malt Whisky
小麥威士忌	Bainbridge Two Islands Hokkaido Cask
玉米威士忌	Spirit of Hven MerCurious
加拿大調和威士忌	J.P. Wiser's Alumni Whisky Series Darryl Sittler
調味威士忌	FEW Spirits Cold Cut Bourbon
新酒	Macaloney's Peated Clearach

2020年WWA世界最佳威士忌

（圖片截取自官網）

WHISKY
06

最古老的蒸餾廠

「從17XX年開始，我們的酒廠已經開始營運，雖然當時仍屬於未合法納稅的私釀，但產製的酒大受歡迎，並行銷到倫敦等各大城市。今日的我們延續二百多年來的傳統技藝，成為目前仍在運作中最古老的蒸餾廠……」

威士忌蒸餾是一項非常古老的技藝，最早的文字記載可上推500年前到十五世紀；威士忌蒸餾也是固守傳統的行業，自十八世紀逐漸興盛以來，無論原料、設備和製作方式幾乎保持不變。便因為如此，威士忌各酒廠間比畫較量過彼此的水源、原料、蒸餾、熟陳等各項製程，以及基於這些製程和風土環境條件所得到的酒廠風格之後，最自豪的莫過於歷史傳承。百年酒廠毫不稀奇，超過200年者所在多有，但若能從文獻資料或稗官野史中搜尋出蛛絲馬跡，證明自己無論是「有文獻記載以來的第一」、「營運至今的第一」、「XX地區的第一」或「合法的第一」，都足以光宗耀祖，為酒廠戴上一頂陳老、但光彩無比的桂冠。

◇ 誰才是蘇格蘭第一老？

出面競爭「蘇格蘭最老蒸餾廠」名號的酒廠很多，如陀倫特（Glenturret）、格蘭蓋瑞（Glen Garioch）、小磨坊（Littlemill）和波摩（Bowmore）等，但由於歷史資料不明，具有公信力的文獻只存在於繳稅紀錄，私釀時期多屬口耳相傳，導致此項爭議從來就沒有停過。成立於

1772年的小磨坊原本希望最濃，但是在1994年便已熄火關門，只能黯然退出競爭之列；1779年的波摩目前自認是「艾雷島最老的蒸餾廠」，不敢誇稱全蘇格蘭；而1797年的格蘭蓋瑞又更晚了，雖然有資料顯示酒廠的前身Meldrum在1785年已經開始營運，但終究還是晚於成立在1775年的陀倫特，因此目前公認陀倫特為不具爭議性的第一。

不知酒友們是否記得，多年前陀倫特於台灣發表7桶1988年份款時，行銷團隊便大力宣揚「最古老的蒸餾廠」。不過個性多疑的我並不完全買帳，回頭立即翻找網路資料當起鍵盤神探，很快的發現酒廠將歷史追溯至非法私釀的1717年，並在1775年開始合法繳稅，成為「最古老」的鐵證。但，且慢，1775年的酒廠名稱並不是陀倫特，而是Hosh，必須等到50年後陀倫特才在Hosh的鄰近興建。只不過這座陀倫特很早就夭折，約在1850年代關廠，而老Hosh依舊健在，並且在1875年將陀倫特的名稱買下，延續酒廠的生命。

美國禁酒令造成蘇格蘭威士忌產業的大蕭條，命運多舛的陀倫特被迫在1921休停，1923正式關廠，而後在1929年被拆除，廠內所有的機具設備都被賣掉，而建築物則移用作農場。等到30年後，產業景氣逐漸復甦，James Fairlie買下了陀倫特的蒸餾執照，重新興建並添購蒸餾設備，成為我們今日看到的酒廠。

以上一連串的時間點和歷史事實，雖然略嫌囉嗦，卻足以讓我們皺起眉頭質疑：今日的酒廠除了廠址大致相同之外，無論廠房設備或是蒸餾者，甚至名稱，都和1775年的Hosh毫無血緣關係，如此自稱最古老的蒸餾廠，會不會感覺有些心虛？

蘇格蘭最古老的蒸餾廠Glenturret

艾雷島上最古老的蒸餾廠Bowmore

（圖片提供／台灣三得利）

⊗ 愛爾蘭最老的蒸餾廠

　　蘇格蘭不是特例，放眼全球，最古老且仍在運作中的蒸餾廠座落在愛爾蘭。布什米爾（Bushmills）是位在北愛爾蘭靠近北海岸Antrim郡內的一個小鎮，人口僅約一千出頭，不過鄰近的蒸餾歷史源遠流長。根據Ray Foley於1998年所寫的"Best Irish Drinks"書中提到，Ards領地的Robert Savage爵士在1276年帶領軍隊進駐Bushmills小鎮時，為了提振士氣，提供士兵「一種強而有力的生命之水」（a mighty drop of acqua vitae）。到了1608年，根據George Hill於1877年所著的"An Historical Account of the Plantation in Ulster at the Commencement of the Seventeenth Century, 1608-1620"記載，居住在愛爾蘭的英國王室代理人將蒸餾特許頒予了Antrim郡，成為老布什米爾（Old Bushmills）宣稱400年蒸餾歷史的最佳證據。

　　不過，假若我們翻查英國歷史，可以得知英國王室經常販售各式獨占權、特許權來換取現金或地方產物，其中也包括葡萄酒、麥酒或蒸餾烈酒。以愛爾蘭的蒸餾特許而言，最早的一張是在1608年1月發給南部Munster區的Charles Waterhouse，而後陸續賣給了Galway的Walter Tailor以及Leinster的George Sexton，但由於王室代理人Chichester爵士時常囊空如洗，為了賺取更多的利益，所以繼續將特許頒予北部Antrim郡的Thomas Phillipps爵士。

　　酒友們請睜大眼睛仔細查看，上述這些蒸餾特許執照，一定都是頒發給地區領主，不可能是酒廠。因此當老布什米爾在1743年開始進行蒸餾生產時，只是一間私釀酒廠，必須等到1784年才正式註冊成為合法酒廠，其創辦人Hugh Anderson與獲得蒸餾特許執照的Phillipps爵士一點關係也沒有。酒廠利用地域名稱的相同點，將歷史上推176年，並自稱「世上最古老且仍在運作中的酒廠」，不僅大吃古人豆腐，還有混淆視聽的嫌

疑。不唯如此，就如同陀侖特酒廠一樣，老布什米爾從1784年以降，一般酒廠會碰到的好事或倒楣事都沒少過，最慘的是1885年一把大火將廠房全部燒光，因此今日我們所看到的酒廠便是在1885年之後所興建。

有趣的是，愛爾蘭威士忌於2014年頒布的技術規範中，開宗明義便將愛爾蘭的蒸餾技術往前推到西元第六世紀，自稱歐洲第一，起而效尤下，無怪乎酒廠搶沾光彩。除了老布什米爾酒廠，John Teeling博士在1987年成立Cooley酒廠時，第一步不是製作生產，而是買下Locke品牌，將歷史上溯到1757年；老Teeling的兩個兒子在2012年所創造的Teeling品牌，借用的是1782年Walter Teeling在都柏林設立的小酒廠名聲。這種種行徑，無非是為了沾上歷史光環，用以證明酒廠擁有源遠流長的傳承來歷。

◈ 依樣畫葫蘆的美威

橫越大西洋來到美洲新大陸，這些從十七世紀開始勇渡大洋、追求自由的殖民者後裔，雖然擁有大無畏的獨立精神，持續越過阿帕拉契山脈向西部開拓家園，也利用本土農作蒸餾出不同於歐洲的烈酒，但骨子裡的思考模式其實與舊大陸並無二致，而且一直延續到現在。

舉個有趣的例子來證明。夏皮拉（Shapira）五兄弟原本在肯塔基州路易維爾經營連鎖商店，美國禁酒令廢除後，發現製作威士忌應該是個賺錢生意，所以興致勃勃的投入資金、興建酒廠，打算大展鴻圖。不過五兄弟對蒸餾一無所知，甚至「無法分辨木桶和木箱的差異」——這句話是酒廠的第二代在創廠75年，成為全美第二大的波本威士忌酒廠之後，接受媒體訪問時坦承說出。

不懂蒸餾沒關係，可以找懂的人幫忙，但是不懂行銷卻會讓酒廠

難以經營。基於過去的商場經驗，五兄弟在第一時間便了解有能力製酒也確實作出好酒，並不能保證產品賣得出去。對威士忌產業而言，一間缺乏歷史傳承的新酒廠，如果無法讓口渴13年的消費者回憶起過去的美好時光，那麼也就無法說服消費者買單。所以夏皮拉兄弟成立酒廠的當務之急，便是尋找歷史歸屬，至少讓消費者產生酒廠已經存在百年的幻想，他們找上的是一位名字叫做William Heavenhill的農場蒸餾者。

這位老兄擁有絕佳傳奇故事，據說在1783年，他的母親為了躲避印地安人的襲擊而藏進森林裡，而後在瀑布後方生下了他。William長大後臉上蓄了一部亂七八糟像鳥巢一樣的大鬍子，在新酒廠附近的農莊耕作，農暇之餘從事蒸餾，就跟其他農人沒兩樣。夏皮拉兄弟借用了他的名字，將酒廠的歷史從1935年往前推了150年，註冊時原先打算以Heavenhill的名稱登記，但填寫蒸餾執照的公務員寫錯了，將Heavenhill分開為兩個字Heaven Hill，又由於不想浪費錢重新登記，所以乾脆將錯就錯，成為今日全美最大的家族經營波本威士忌酒廠「海悅」。

那麼，是不是只有海悅這麼做？當然不是，1987年的「布雷特」（Bulleit）使用的是1830年創造的品牌名稱；1990年代的「酩帝」（Michter's）借來1753年賓州農夫的小型蒸餾；而2000年以後的Templeton裸麥威士忌則大吃禁酒令時期芝加哥黑幫大佬艾爾‧卡彭（Al Capone）的豆腐。顯然戲法人人會變，巧妙各有不同。

◈ 時間是最奢侈的配方？

「故事」永遠是行銷利器，一則生動有趣的故事雖然和風味毫無關係，卻遠比口沫橫飛的利用種種形容詞去描繪香氣、口感的特色更能引消費者注意。對於需要長時間吸取日月精華的威士忌而言，「時間是最

奢侈的配方」（語出蘇格登），如果能跟歷史軼事搭上線，自然多了許多講述的材料。這便是為什麼酒廠千方百計的往回溯源，盡力攀附一絲一毫的歷史關聯。

　　對務實的消費者來說，誰是最古老的蒸餾廠其實並不重要，因為今日酒廠傳遞的風味早與百年前無關，更何況，不知各位酒友還記得1960、70年代為了因應威士忌產業的大爆發，幾乎所有酒廠的設備和製程都做了大幅的修改？這些變革已將風味的歷史痕跡抹去。只是我時常懷疑，在網路資訊如此發達的今天，每個人都是鍵盤神探，為什麼許多容易戳破的故事依舊繼續流傳？

全球最古老、且仍在運作中的威士忌酒廠Bushmills位在愛爾蘭
（圖片提供／帝仕德）

WHISKY
07

全手作的浪漫

「快問快答1：全蘇格蘭蒸餾工序最複雜的酒廠是哪一間？」

「快問快答2：以電腦控制的現代化酒廠產製的威士忌，品質是否不如傳統手作酒廠？」

　　第一題很困難嗎？小小提示：某間酒廠擁有三套不同的蒸餾工序，其中一套擁有暱稱「小女巫」的蒸餾器，答案應該呼之欲出了吧？沒錯，提到慕赫2.81的蒸餾手法，酒友們應該都會認同其複雜性，不過有沒有人知道，如此讓人說不清、理還亂的流程，需要多少人力才能維持精確無誤的運作？答案是：1人，三班制，每班1人。

　　至於第二題，我曾在不同的品酒會場合作過幾次調查，雖然母數不多、代表性不足，但得到的結果與我原先的預估差不多，大概一半一半。不過，如果告訴被調查對象許多中大型酒廠只需要3、5人便能維持正常運作，那麼部分贊同票數會移往傳統端，這種奇妙的心理移轉，似乎代表了現代人一方面享受現代化的成果，一方面又對過度現代化普遍感覺憂心。

◈ 工匠、藝術──黃金時代的變革

　　正如我一再強調，威士忌產業極度強調歷史傳承，但是當我們開始談論歷史傳承，免不了撫古追今的討論起現代化反思。尤其是今日如雨

後春筍般興建的新興酒廠，無不強調其特殊現代化工藝特色，老酒廠也紛紛更新改建，引入眾多的現代化設備及控制軟硬體。只不過在大部分酒友的認知中，由於威士忌蒸餾是如此的源遠流長，對於傳統的工匠藝術，持續懷抱著浪漫情愫，一邊喝著一、二十年前裝瓶的老酒，一邊感嘆著今不如昔，並緬懷起過去的黃金時代。

黃金年代到底可以追溯到多久以前？一般說來大概是1970年或甚至1960年代左右，但為什麼會把這段時期產製的威士忌當作一種時代的標記？是否因當時、或更早以前的威士忌確實比現代好，還是只不過是懷舊的心理投射？我的好友尤愛月（從這個暱稱就可推知他是一位無可救藥的宅男geek）綜整了一篇George N. Bathgate在2019年發表的論文[1]，列舉了1960年代以降威士忌製作上所發生的重大變革，包括：

1. 大麥品種：

為了追求出酒率和產量，越來越傾向穀粒較大、澱粉含量高而蛋白質含量較低的新品種。

2. 麥芽濕度：

在1960年後大型發麥廠興起，大多數酒廠不再自行發麥，改向這些發麥廠訂購麥芽。為了運送方便，發麥廠必須用較高的溫度將麥芽烘得更為乾燥，因此會有較多的麥香與焦糖香氣。

3. 烘麥技術：

1960年代以前，幾乎每家蒸餾廠都採用泥煤、煤炭自行烘麥，等到大型發麥廠興起，為求效率採用熱風烘麥，而燃料也更改為燃油，減少了過去的麥香與堅果風格。

---

1. George N. Bathgate "The influence of malt and wort processing on spirit character: the lost styles of Scotch malt whisky" J. Inst. Brew. 2019; 125: 200–213

4. 泥煤用途：

　　泥煤原本為烘麥的主要燃料，而後更改為製作泥煤麥芽的風味物質，1980年代以後再變更為採用熱裂解的方式來製作煙霧，因此產生較多的藥水味。

5. 糖化設備：

　　傳統式糖化槽容易讓高脂質的小顆粒流出，麥汁較為混濁，改用新型的糖化槽後（如semi-lauter），可以得到較清澈的麥汁，提高發酵後的酯類（果香）濃度。

6. 酵母與發酵過程：

　　在1960年代以前，蘇格蘭威士忌產業大多使用啤酒酵母，而後改用專為威士忌產業使用的酵母菌株，並拉長發酵時間，產生較多的酯類與水果香氣。

7. 蒸餾方式與冷凝方式：

　　直火加熱方式變更為蒸氣間接加熱，避免在蒸餾壺底產生燒焦物質，而冷凝方式也從蟲桶更改為殼管式，降低新酒中的硫味與肉質味。

　　從以上的變革方向來看，1960、70年代的現代化提升了酒廠產量，酒質更輕柔乾淨且充滿花香果甜，泥煤版的藥水味增多，與過去的煙燻、麥香、堅果、杏仁等風味明顯有異。這些因製作而導致的風味變化到底孰好孰壞，品飲者及酒廠各自解讀。不過現代化是個難以回頭的浪潮，就算是近期納度（Knockdhu）的酒廠經理Gordon Bruce發表文章[2]，力陳手工生產方式能提升勞動力、讓工作人員更具有成就感，不過酒廠使用

---

2. Gordon Bruce "Automation Puts Whisky Skills at Risk" 2019 Scotchwhisky.com

的麥芽仍來自發麥廠，而糖化槽、間接加熱等設備也都是更新後的產品。

◈ 堅持手作的原因

但是我了解Gordon在意什麼。納度是一間年均產量只有140萬公升純酒精（Liter of Pure Alcohol, LPA）的小酒廠，而Gordon是負責糖化工作的mashman出身，在他的管理下，從碾磨麥芽到蒸餾都由人工操作看管，不假手電腦軟體控制，甚至直接量測糖化槽的麥糊床厚度來測定糖化品質的一致性。為什麼要如此要求？因為，他舉例解釋，假設氣候突然變化，那麼工人必須微調磨麥刻度，以穩定糖化效率，而糖化是蒸餾廠的源頭，也是技術上最困難的部分，他不相信電腦能像人腦一樣的作出正確的判斷。就是因為仰仗大量人力，所以工人交班後滿身疲憊，不過比起盯著儀表板的疲憊多了許多成就感。

Gordon並未完全否定現代化，如利用自動化在地清潔（clean in place, CIP）設備，可設定時間、水溫，不必像傳統式糖化槽耗費2個人力來進行清理，因而可空出人力來執行其他工作。Gordon在意的是，如果所有的製作都仰賴電腦，全廠只需2、3人便可運作，而且所謂的製酒，只不過是在電腦儀表板上操作，摸不到、聞不到、感受不到也嚐不到麥芽顆粒、糖化溫度、麥汁甜度、發酵氣息、酒頭酒心和酒尾的不同香氣屬性，基本上已經與威士忌切斷關聯，成為很純粹的工業化產線，那麼傳習數百年的製酒技藝將面臨失傳。

與納度一樣想法的酒廠並不少，譬如於2018年底從愛丁頓集團交易到陀崙特控股公司（Glenturret Holding）的陀崙特酒廠，擁有一座非常獨特的不鏽鋼開放式糖化槽，沒有任何機械裝置，完全靠人力攪拌麥芽糊，可說是「純手工」的典範。不過若講到手工的極致則非雲頂酒廠莫

屬，因為正如酒友們所熟知，雲頂是目前全蘇格蘭唯一一座從發麥到裝瓶全在廠內進行的酒廠。蘇格蘭自行發麥的酒廠不少，但生產的麥芽僅占酒廠使用量的一小部分，大部分依舊採購自專業發麥廠，唯有雲頂百分之百自行發麥。有趣的是，就在大型發麥廠興起的年代，雲頂自1960年起中斷自行發麥長達32年，一直到1992年才又恢復，我們今日視為夢幻逸品的1965、1966年Local Barley，使用的麥芽剛好不是自行發麥。

發麥有多艱辛？酒友們若在網路上搜尋酒廠的相關影片，這部"Making Whisky in Scotland at Springbank Distillery"千萬不能錯過，因為影片裡不僅詳細解說每一項製程，影片主角還跟著工作人員黎明即起的一起剷麥、翻麥、照顧爐火、烘乾麥芽，即便主持人是個肌肉型壯漢也大喊吃不消。我便是從這部影片中第一次感受到傳統製程的辛苦，所需付出的汗水和勞力完全不是我們所能想像。

◈ 優美的現代化酒廠，AI也來參一腳？

為了瞭解現代化的製程，我曾根據奧斯魯斯克（Auchroisk）酒廠的各項設備尺寸、容量和操作時間，虛擬了一份從糖化到蒸餾的操作流程如次頁表所示。

這個表當然純屬假設，若有雷同，絕對是巧合。奧斯魯斯克是一間年均產量約300萬LPA的中小型酒廠，但是經過我的計算，為了達成這個不算高的年產量，製作過程裡的每一個步驟都必須按表操課，任何一個步驟發生差錯，都可能壓縮或延宕上下游的步驟。

時間	06:00～12:00	12:00～18:00	18:00～24:00	00:00～06:00
第一天	糖化	糖化 #1-1發酵槽	糖化 #2-1發酵槽	糖化 #3-1發酵槽
第二天	糖化 #4-1發酵槽	糖化 #5-1發酵槽	糖化 #6-1發酵槽	糖化 #7-1發酵槽
第三天	糖化 #8-1發酵槽	糖化 #1-2發酵槽 #1~#4酒汁蒸餾	糖化 #2-2發酵槽 #1~#4酒汁蒸餾 #1~#4烈酒蒸餾	糖化 #3-2發酵槽 #1~#4酒汁蒸餾 #1~#4烈酒蒸餾
第四天	糖化 #4-2發酵槽 #1~#4酒汁蒸餾 #1~#4烈酒蒸餾	糖化 #5-2發酵槽 #1~#4酒汁蒸餾 #1~#4烈酒蒸餾	糖化 #6-2發酵槽 #1~#4酒汁蒸餾 #1~#4烈酒蒸餾	糖化 #7-2發酵槽 #1~#4酒汁蒸餾 #1~#4烈酒蒸餾
第五天	糖化 #8-2發酵槽 #1~#4酒汁蒸餾 #1~#4烈酒蒸餾	糖化 #1-3發酵槽 #1~#4酒汁蒸餾 #1~#4烈酒蒸餾	糖化 #2-3發酵槽 #1~#4酒汁蒸餾 #1~#4烈酒蒸餾	糖化 #3-3發酵槽 #1~#4酒汁蒸餾 #1~#4烈酒蒸餾
第六天	糖化 #4-3發酵槽 #1~#4酒汁蒸餾 #1~#4烈酒蒸餾	糖化 #5-3發酵槽 #1~#4酒汁蒸餾 #1~#4烈酒蒸餾	糖化 #6-3發酵槽 #1~#4酒汁蒸餾 #1~#4烈酒蒸餾	-
第七天	-	-	-	-
第八天	糖化 #7-3發酵槽 #1~#4酒汁蒸餾 #1~#4烈酒蒸餾	糖化 #8-3發酵槽 #1~#4酒汁蒸餾 #1~#4烈酒蒸餾	糖化 #1-4發酵槽 #1~#4酒汁蒸餾 #1~#4烈酒蒸餾	糖化 #2-4發酵槽 #1~#4酒汁蒸餾 #1~#4烈酒蒸餾

註：

12噸糖化槽×1

50,000公升發酵槽×8

24,000公升酒汁蒸餾器×4

16,500公升烈酒蒸餾器×4

假如中小型酒廠如此,那麼產量高達1、2千萬LPA的大型酒廠更需如此,設備和管線的配置、原物料進出,以及能源的輸送和交換等,從建廠之初就必須妥善規劃設計。今天輸出相關設備最大的製造廠,是位在Rothes小鎮的Forsyths,能為酒廠量身打造所需的全套軟硬體,台灣的噶瑪蘭便是其中之一,南投酒廠未來新產線的設備也是向它訂購,而麥卡倫新廠則是它的精心傑作。如果酒友們曾造訪這座於2018年5月開幕的麥卡倫酒廠,如果曾目睹廠內一座座如羅馬劇場般環繞的蒸餾器組,一定會張大嘴巴發出訝嘆,但如果低頭往下看,那些錯綜複雜的管閥設施才是真正維持酒廠順利運轉的關鍵,再加上看不到的控制系統,以及操控系統的軟體,正是Forsyths的精華以及價值所在。

酒友們千萬不要會錯意,假若將今日現代化的酒廠看作工廠產線,又未免太小看電腦操控的能耐。今天裝設於酒廠的電腦和附屬設備,不只是作邏輯判斷,而是導入越來越聰明的AI人工智慧,藉由偵測廠內溫度、濕度等環境參數,以及原料、管線、設施的尺寸、流速、流量和溫度變化等數值,學習判斷過去必須仰賴有經驗的技工、師傅所作的決定。如此一來,便可隔絕人類可能作出的誤判,或是因精神體力疲憊而發生的失誤,否則如慕赫酒廠如此繁複的工序,假若完全倚靠人工切換操作,極可能犯下手忙腳亂的錯誤。因此全面現代化的酒廠確實可快速、恆定的作出品質均一的酒質,甚至只需調整參數設定,便可製作出風格相異的新酒,傳統手作技術似乎要失傳了。

◈ 不完美的美感,浪漫也有其效益

不過,爵士樂大師艾靈頓公爵(Duke Ellington)曾要求鋼琴調音師不要將音準調到完美,因為微小的不完美才符合人性;三得利的調

酒大師輿水精一也曾諄諄教誨「全部都是優等生就一點都不有趣了」。「遵古法」在執行中可能稍微脫離設定，與講究精確的現代化似乎相互衝突，但於我觀之，這種衝突是健康的，因為唯有現代化的軟硬體才能供應今日全球對威士忌的渴求，等於是繼連續式蒸餾器之後，第二次最重要的設備革命；至於傳統的介入可維持工藝技術的流傳，多了一些人文，也多了一些離經叛道的浪漫。

今日的威士忌產業介於農業與工業之間，早已脫離農莊式經營，就算極少數的酒廠如Daftmill或Dornoch，試圖回復到二十世紀上半的工作模式，但仍得倚靠發麥廠協助發麥。所以我嘗言「浪漫不足以製酒」，無論行銷大使如何推崇手作的溫度和人本精神，許多威士忌的製作環節並無法強調個人化差異和自由意識。我曾造訪國內某小型蒸餾廠，驚訝的發現糖化後的麥汁比重過小，3個星期長發酵後的酒汁比重又過高，顯然不僅糖化有問題，酵母菌種的選用和投入量也有問題，當投入的酵母菌不能成為優勢菌種，那麼3個星期中就得提心吊膽的留意是否雜菌感染，導致整鍋的發酵汁酸化報銷。

傳統的酒廠不容易犯下這種錯誤，就算是全手作如雲頂酒廠，工人仍必須遵照酒廠設定的數字來耗盡體力和汗水，效率及效益依舊是最高指導原則，這一點，其實與現代化的威士忌酒廠並無二致。

唯一100%自製的雲頂酒廠
（圖片提供／橡木桶洋酒）

Strathern的糖化槽以人工攪拌麥芽糊
（圖片提供／Paul）

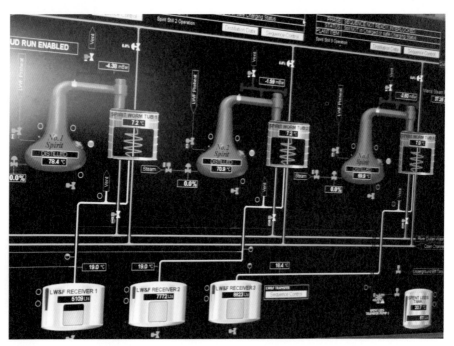

格蘭路思的蒸餾控制面盤

WHISKY
08

艾雷島的迷人海風味

「各位朋友，請舉起左上角的那杯酒仔細聞聞，是不是可以感受到繚繞的煙燻和淡淡的泥煤？殘留的營火、木炭和少許的黑咖啡，很標準的高地泥煤，溫暖而不刺激。現在換到隔壁那支酒，哇～強烈的海風、海鹹，陣陣煙燻下傳出濱海的消毒藥水碘味，加上一些烤肉的灰燼感，正是艾雷島泥煤的註冊商標⋯⋯」

　　若說蘇格蘭威士忌與其他國家最大的不同，我相信絕對是泥煤風味，這種特殊風土特色，只要曾經嘗試過，或愛之、或恨之，總之一試難忘，甚至激發出各種狂野的形容詞：煙燻、焦炭、瀝青、碘酒、消毒藥水、海潮、皮革，或甚至只有台灣人或日本人熟悉的征露丸！只是如果從這些形容詞上去揣測入口的風味，大概所有的人都會露出猶豫、遲疑的表情吧？有誰願意舔一舔瀝青、焦油或消毒藥水嗎？

◎ 泥煤風味的來源

　　為什麼蘇格蘭人會釀製這種滋味怪誕的酒，而且還愛不釋手？又為什麼這種必須經由學習才能習慣或喜愛的滋味，卻在今日席捲全球？這一切，得從蘇格蘭特殊的地理環境談起。

　　酒友們如果曾造訪蘇格蘭，呼吸著冷冽、清新的空氣，眼前盡是高低起伏、連綿不絕的山巒，一定會被壯麗的景色所感動。但可曾發現，

在一望無際的綠野中，由於地形、地質及氣候因素，缺少高大的喬木，大多是低矮的灌木或蘚苔，而且陰濕多雨、氣候變化極大。對於生活於此地的居民而言，早年交通不便，難以取得燃燒效率較好的煤礦，除了數量不豐的材薪之外，最方便的燃料莫過於地下的泥煤了。

蘇格蘭遍布廣袤的泥煤田，居民自古即使用簡易的工具採擷，經晾乾後作為燃料使用，當然也用於烘乾麥芽及蒸餾威士忌。各位酒友可以想像，就因為身居周遭都充滿燃燒泥煤的味道，所謂「如入鮑魚之肆，久而不聞其臭」，自然而然的形成特殊的口味喜好，怪不得羅勃莫瑞爵士（Robert Moray）於1667年的一篇文章中寫道：「製作麥芽的最佳燃料為泥煤，其次是煤炭……如果上述各種燃料都不足，那麼還是先使用泥煤，因為它賦予威士忌最強烈的風味口感。」

什麼是泥煤？從名稱上便可得知，包含了沉泥雜質（泥）和炭化植物（煤），形成於過去沼澤、湖泊或淺海地區，當原先生長的樹木、灌木、蕨類、蘚苔或藻類死亡後，與土砂等雜物混合堆積，久而久之便形成腐植土。而在堆積的過程中，植物裡的有機物被微生物緩慢分解，若分解環境中缺乏氧氣，則無法轉化成二氧化碳釋出，以致於千百年後形成炭化物，又由於沉積的環境富含水分和雜質，無法像煤炭般完全炭化，因此含水量偏高，必須曬乾才能使用。

從以上的說明可知，由於泥煤的含炭量不豐，且含水量高，燃燒時將產生大量煙霧。這種煙霧含富各種酚類的懸浮微粒，於今觀之，其實對人體有害，但附著在麥芽顆粒上，經過糖化、發酵、蒸餾和桶陳各道製程，仍有小部分存留在我們喝的酒液裡，便是大家習稱的泥煤味。

人工採泥煤體驗
（圖片提供／Kelly）

Glen Ord發麥廠燃燒的泥煤
（圖片提供／Paul）

◈ 不同區域的泥煤會有不同的風味嗎？

　　近幾年來，泥煤版威士忌的需求大增，許多過去不做或不裝泥煤威士忌的酒廠，也紛紛改旗易幟的推出泥煤裝瓶，如果哪天高地的格蘭傑、斯貝賽區的麥卡倫或低地的歐肯推出泥煤版，大概也不會讓人感覺意外！

　　便因為如此，嗜好泥煤威士忌的酒友多了許多選擇，而非獨沽一味的鎖定艾雷島，而且除了蘇格蘭五大產區之外，還包括台灣在內的多國酒廠如英格蘭、愛爾蘭、日本、印度、瑞典、瑞士等，也紛紛生產泥煤威士忌。在遍嚐各產區、產國及各酒廠的裝瓶之後，酒友們是否發現，不同泥煤威士忌的風味有著微小差異，而且若從「蘇格蘭威士忌研究所」（SWRI）建構的風味輪來看，可區分為以下三大類：

1. 焦味（瀝青、煤灰、灰燼）

2. 藥水（TCP藥水、消毒水、germoline軟膏、醫院）

3. 煙燻（燒木頭、煙燻鯡魚、培根）

只是這些古怪的風味來自何處？

依據泥煤的形成環境，不同的地形、地質和氣候條件適宜不同的植物生長，這些植物死亡後形成的泥煤組成成份不同，經燃燒產生的化學物質當然也不同。蘇格蘭擁有不同的泥煤區，占據土地總面積的20%以上，依形成條件可分為兩大類，包括因經年降雨所造成的氣候型沼澤，以及因地勢低漥所造成的盆地型沼澤。前者常見於蘇格蘭的西部、北部以及西海岸與北海岸島嶼，地下掩埋的植物含有較多的水苔、石楠或低矮的灌木，至於後者，底層的植物偏向水生菅茅或水草。

以上的區分雖然籠統，但大致可說明為什麼不同區域的泥煤會有不同的風味，但如果想更進一步的比較，便不得不提及幾個化學名詞。我一直不願在這本書中提到專業術語來增加閱讀困難，不過為了比較就非得使用不可，讀者請先記住，泥煤燃燒後生的煙霧中有8種重要的酚類物質，又可分為3大類，包括苯酚類（苯酚、4-乙基苯酚）、癒創木酚類（癒創木酚、4-甲基癒創木酚、4-乙基癒創木酚）和甲酚類（鄰甲酚、間甲酚、對甲酚），其中苯酚類的嗅覺門檻濃度（專業術語為「閾值」）是其他兩類的數百倍，測得的含量又低，基本上聞嗅不到，因此直接忽略，只需記得偏向煙燻味的癒創木酚類，以及偏向藥水味的甲酚類即可。

◈ 艾雷島的藥水味，是大腦的想像？

接下來我將引用Barry Harrison於2007年發表的博士論文[1]，以及好友尤愛月（尤宗吉）於Heriot-Watt大學就學期間所做的研究和整理。Harrison博士採集了蘇格蘭6個地區的泥煤，包括艾雷島3處、奧克尼島、高地及斯貝賽區各1處，而後在實驗室內利用相同份量的6種泥煤來烘乾相同的麥芽，並以相同的製程來蒸餾新酒，最後再以科學儀器分析新酒中的酚類物質含量。他發現使用艾雷島區的泥煤時，新酒的酚類含量都高過於其他3處，但是假若比較2種酚類的比值（甲酚類／癒創木酚類），斯貝賽的泥煤遠遠高過於其他5處。

還記得嗎？甲酚類以藥水味為主，而癒創木酚類的表現為煙燻味，又由於這兩種酚類的嗅覺門檻差不多，因此斯貝賽區泥煤產生的藥水味較重，反而艾雷島區以煙燻味為主。但儀器檢定數據不等同於人類感官，所以Harrison博士另請22位專業品酩小組針對6種新酒做感官測定，而同樣的，唯一藥水味高於煙燻味的泥煤產區，不是艾雷島，而是斯貝賽區。

各位酒友們，這個結論是不是顛覆了大家過去的想像？確實，不同區域的泥煤擁有主要風味特徵，但是當我們用消毒藥水、碘味、征露丸來形容艾雷島的泥煤海風時，很可能是來自對艾雷島的浪漫憧憬，導致心理影響生理，讓大腦做出錯誤的判斷。

有趣的是，我們時常用於形容海風味的碘味，在Lazarus et al.的一篇研究[2]中被揭開真相。根據他的測定，艾雷島威士忌的碘含量微乎其微，遠低於碘的香氣閾值，因此所謂的碘味不太可能是來自碘。但到底是什麼激起我們的海風幻想？最可能的是一種稱為「2,6-二溴苯酚」的化學物質。這種聞起來類似海水味與碘味的物質，其香氣閾值極低，但是拉弗

1. Barry Harrison "Peat source and its impact on the flavour of Scotch whisky" Doctoral Thesis, International Centre for Brewing and Distilling School of Life Sciences, Heriot-Watt University, Edinburgh, December 2007
2. Lazarus et al. "Iodine in Malt Whisky: A Preliminary Analysis" Thyroid: official journal of the American Thyroid Association, December 2016

格10年所含的濃度卻超過閾值的600倍，所以，又是一件浪漫的想像。

另外，我於參加尤愛月的泥煤課程時，對征露丸做出煙燻味的判斷，卻是全場唯二，因為在我們的刻板印象裡，治療腹痛、腹瀉極有效的征露丸，本來就是一種藥物，不過征露丸的主成分為藥用木餾油，而木餾油所含的癒創木酚類占比接近一半，香氣表現很顯然以煙燻為主。只不過在我的幼年印象裡，征露丸確實充滿了藥水味，莫非改了配方？

◈ 影響泥煤風味的其他因素

酒友們讀到這裡，心中會不會出現許多問號？因為以上的研究都在實驗室內進行，但同樣的結論是否能適用於商業泥煤麥芽？何況我們喝到的酒都熟陳好一段時間，橡木桶的影響是不是也該考慮？

非常好，接下來就談談影響泥煤風味的其他因素。

1. 泥煤層的深度：

我於2018年造訪高原騎士酒廠時，酒廠的全球品牌大使Martin告訴我，Hobbister泥煤依其開採深度大致分為三層，最上層包含尚未完全分解的植物，碳水化合物含量較高，但酚類物質較少，燃燒產生的香氣偏向煙燻；中間層的植物在地下水位以下進行無氧分解，燃燒時含煙量高，產生的香氣趨向辛香及香草等風味；最底層則因為炭化程度較為徹底，燃燒時溫度較高、含煙量少，賦予麥芽焦油、煤炭等等的氣味。

的確，根據Harrison et al.的後續研究[3]，奧克尼島和艾雷島的泥煤隨著埋置深度增加，其碳水化合物含量遞減，而甲酚類和癒創木酚類的含

---

3. Harrison et al. "Composition of peats used in the preparation of malt for scotch whisky productions influence of geographical source and extraction depth" Journal of Agricultural and Food Chemistry 57(6):2385-91, March 2009

量都遞增，雖然癒創木酚類的總量還是高於甲酚類（也就是以煙燻味為主），但甲酚類的增加量略大於癒創木酚類（也就是越深的泥煤藥水味越多）。

蘇格蘭泥煤層厚度的平均累積速率為0.5～1.0 mm/年，因此每1公尺厚的泥煤至少需要1,000年來緩慢堆積形成。

2. 泥煤麥芽的製作方式

早期的烘麥窯分為上下兩層，中間以有孔鑄鐵板隔開，上層放置厚約1.2～1.5公尺的濕麥芽，下層燃燒泥煤或其他燃料。在泥煤還未被透徹研究前，一開始便利用燃燒泥煤產生的熱量來蒸乾麥芽，等麥芽的含水量降到約20%～25%左右──稱為「折點」（break point）──此時麥芽表面的自由水大概都被烘乾，而在早期的觀念裡，折點以後的麥芽再也無法吸附泥煤，因此改用無煙煤或其他燃料繼續烘乾，將麥芽含水量降到4%左右。目前部分自行發麥的酒廠仍採用這種方式，雲頂內部便高懸著烘麥解說牌，我於造訪高原騎士酒廠時，也在窯爐旁看到雙燃料的粉筆註記（泥煤9小時，煤炭20小時）。

泥煤的熱效率不高，商業發麥廠興起後，逐漸揚棄將泥煤當作燃料的烘麥方式，而視之為風味物質，利用高溫無氧的熱裂解方式製作出揮發性物質和焦油等煙霧顆粒。有趣的是，現代的研究結論與早期完全相反，麥芽在「折點」以後吸附泥煤的效率最高，因此烘麥室裡的濕麥芽先以熱空氣將含水量降低到25%以下，再以風扇將悶燒產生的泥煤煙霧導流到烘麥室去燻製麥芽，等泥煤度達到設定值之後，停止輸送煙霧，繼續以熱空氣將麥芽烘乾。

傳統烘麥方式製作出的泥煤麥芽，其癒創木酚含量比苯酚、甲酚為

高，因此風味以煙燻為主，加上焦甜、堅果與杏仁。至於現代化方法製作的泥煤麥芽，甲酚及苯酚等含量較高，產生較多的藥水、瀝青、焦油等風味。

　　奧特摩動輒數百ppm的泥煤麥芽怎麼做？根據官方說法，他們的泥煤麥芽委託Bairds Malt，利用浸泡、發芽、烘乾全在同一個箱體的薩拉丁箱來製作，使用的泥煤則來自高地。為了盡可能的讓麥芽吸附泥煤，開始設定的溫度較低，緩慢的花5～7天將麥芽烘乾，但完全不控制最終泥煤值。依據這些說明，很可能泥煤的初始濕度較高，長時間悶燒後，麥芽吸附的癒創木酚類較多，風味趨向煙燻，酒友們不妨仔細分辨。

高原騎士的烘麥窯爐

百富的烘麥窯爐

3. 蒸餾

　　基本上，當我們談論泥煤值的時候，指的是麥芽測得的總酚值，這個數值可能隨測量的方法（比色法、GC、HPLC）而有所差異，一般商業發麥廠使用的是比色法，當泥煤度較高時可能較不精準。這也便是布萊迪的全球品牌大使Chloe Wood告訴我，他們從發麥廠運回奧特摩麥芽

後，都會以HPLC方法重新測定。

麥芽顆粒吸附的酚類物質，歷經糖化、發酵和蒸餾之後，一定有所損失，但損失多少？已故威士忌大師Jim Swan曾以27 ppm的泥煤麥芽做過量測，以總重量而言，經酒汁蒸餾後，已經損失65%，再經烈酒蒸餾，僅存3.4%的量在酒心中，絕大部分的酚類物質都隨著蒸餾廢液排除掉。

酒友們或許會想，怎麼可能僅存這麼少的量？新酒的泥煤度豈不是不到1 ppm？濃度不是這樣算的，必須與蒸餾後的酒心量相比，因此新酒的泥煤濃度大約減損為麥芽階段的1/3～1/4左右。

由於泥煤的分子量較大，蒸餾所需的溫度較高，因此酒心切點越往後延（即酒精度越低），可能取到的酚類物質則越多。一般酒廠的酒心約取到65～64%，雅柏取62.5%，波摩取到61.5%，而樂加維林則取到59%（以上根據Misako Udo所著"The Scottish Whisky Distilleries"），台灣的南投酒廠釋出2種泥煤版威士忌，分別取在64%和62%，酒友們可以比較看看其間差異。除此之外，蒸餾速率越快，越容易將較重的物質提取出來，緩蒸慢餾確實能得到較輕盈乾淨的酒體。

⒈ 橡木桶熟陳

以上所有的說明都著重在麥芽以及新酒的風味，但是長時間在橡木桶內熟陳後，原本的酚類物質會緩慢蒸散，但是也會從木桶中萃取、合成酚類，其中又以製桶過程中烘烤、燒烤產生的癒創木酚最為明顯。所以就算是非泥煤麥芽的威士忌，同樣也能讓我們感受到煙燻味。但是橡木桶的影響非常複雜，尤其麻煩的其他香氣將干擾泥煤風味的表現。Tao Yang在他的博士論文[4]中做了許多實驗，包括量測6種市售泥煤

4. Tao Yang "The impact of whisky blend matrices on the sensory perception of peaty flavours" Doctral Thesis, International Centre for Brewing and Distilling School of Life Sciences, Heriot-Watt University, Edinburgh, September 2014

威士忌的酚類物質和品酩小組的評分，以及將泥煤威士忌加入無泥煤的乙醇、穀物威士忌和麥芽威士忌，測試需要多少添加量才能感受到泥煤味……。而結論是？簡單說，熟陳後的變化維度太多，難以判定。

◈ 流經泥煤田的水也能帶來泥煤味？

討論了那麼多的泥煤，最後來談談一個十分有趣的行銷話術：在無限放大的泥煤想像裡，蒸餾廠使用流經泥煤田的水，因此讓威士忌充滿獨特的泥煤風味。

英國的泥煤區總面積約17,500平方公里，其中68%在蘇格蘭，而全蘇格蘭的泥煤區占土地總面積的20%以上，因此許多酒廠使用的地表水或地下水都可能流經泥煤層。但是讀者若繼續閱讀下一篇《我們使用來自湧泉的硬水》，可得知威士忌的產製過程中，最後進入我們口中的水只包括糖化、入桶稀釋和裝瓶前稀釋這三種水，早年可能汲取酒廠周邊的水直接使用，但今日必須符合環境衛生標準，因此這些水都必須進行過濾、逆滲透或去離子處理。

經過處理後的水，即便流經泥煤田，還能留下多少化合物質呢？目前為帝亞吉歐「麥芽大師」（Master of Malt）的Craig A. Wilson，於攻讀博士期間從8間酒廠中取得製作水樣本（含泰斯卡、卡爾里拉和拉加維林），並取得用於波摩酒廠的溪水，而後測定水中的8種酚類。根據他的量測[5]，所有樣本的酚類含量基本上是0，唯一不是0的酚類只有4-乙基癒創木酚，但0.01 ppm的含量也微不足道。

很抱歉，流經泥煤田的水，在風味上一點影響也沒有。

---

5. Craig A. Wilson "The Role of Water Composition on Malt Spirit Quality" Doctral Thesis, International Centre for Brewing and Distilling School of Life Sciences, Heriot-Watt University, Edinburgh, September 2008

◈ 所以，這杯充滿迷人海風滋味的酒來自何處？

　　香氣裡強烈的海風與海鹹、繚繞的煙燻和陣陣消毒藥水味，顯然是來自艾雷島，但也無法捨棄其他島嶼的可能性，不過，或許來自高地、斯貝賽區或坎貝爾鎮，有沒有機會是瑞典、瑞士、印度、台灣呢？很難說，真的很難說。

我們使用來自湧泉的硬水

「我們是蘇格蘭少數幾間使用硬水的酒廠，由於水中豐富的礦物質，讓威士忌在長時間的發酵中產生更多的花香和果甜，塑造出優雅、甜美而柔順的斯貝賽風格……」

　　酒友們大抵都知道，根據蘇格蘭威士忌法規，Scotch Whisky被定義為「以水及發芽大麥或其他全穀物為原料，並且在蒸餾廠內製作成穀物糊，再以天然酵素糖化穀物糊，而後只得添加酵母菌以進行發酵」，當然後續還有蒸餾、熟成及裝瓶的規定，不過能使用的原料只有三種：水、發芽大麥或其他全穀物，以及酵母菌。即便寬鬆的台灣法規「以穀類為原料，經糖化、發酵、蒸餾，貯存於木桶二年以上，其酒精成分不低於40%之蒸餾酒」中，並沒有提到水，不過我們都知道水是絕對不可或缺的。

◇ 為有源頭活水來

　　這便是為什麼從威士忌仍是農業副產品的年代開始，蒸餾廠的興建位置務必鄰近豐沛無虞、水質良好的水源，而斯貝賽區之所以群聚許多蒸餾廠，除了附近是大麥收成最豐富的Laigh o'Moray地區，另一個重要原因是浩浩湯湯的斯貝河及其眾多支流。水除了提供發麥、糖化、冷凝等種種用途之外，臨河興建的水車可提供足夠的動力來碾磨麥芽，許多酒

廠便是由磨坊改建而成。此外，古代缺乏水質處理能力，只能倚靠良好的水質來避免微生物感染，進而確保蒸餾後的酒質。

　　就是因為以上種種理由，蒸餾廠無不強調其用水：格蘭利威使用富含礦物質的喬西之井（Josie's Well），格蘭菲迪擁有羅比度之泉（Robbie Dhu Spring），日本山崎與白州蒸餾所使用的「離宮之水」與「白州尾白川之水」均名列日本名水百選之內，就算在台灣，金車酒廠選在素以「水的故鄉」聞名的宜蘭員山建廠，南投酒廠則引汲流經中央山脈岩層與原始林區的伏流水。況且從行銷的角度言，三種原料中的麥芽和酵母菌，絕大部分都是由他人所製作，與「本土」少有關係，唯一能用於宣傳酒廠風土特色者僅存水源而已，加上每一瓶威士忌裡的水可能占據60%，若說水對酒質沒有影響是說不過去的。

汀士頓曾擁有全蘇格蘭最大的水車
（圖片提供／帝仕德）

◈ 軟水好還是硬水好？

　　蘇格蘭絕大部分的酒廠都是使用礦物質含量較少的軟水，理由很簡單，一切都來自地質因素。軟硬水的基準一般是以水中礦物質含量來區分，主要為鈣、鎂等物質，當雨水滲入土壤和岩石時，礦物質被溶解進入水中，因此易於溶解的石灰岩地質含有最多的礦物質。由於石灰岩在蘇格蘭本島並不常見，因此絕大部分的區域都是軟水，不過越往南石灰岩地質越厚，也因此水質越硬，到了英格蘭則幾乎都是硬水。在這種自然因素下，就我所知，全蘇格蘭僅有10間酒廠，包括高原騎士、斯卡帕、格蘭傑、格蘭利威、克拉格摩爾、大雲、格蘭洛奇、格蘭莫瑞、達夫米爾和布納哈本，使用的水源為硬水，其他酒廠全部使用軟水。

　　但是我於2016年造訪美國肯塔基州時，很驚訝的發現，當地波本威士忌業者不斷宣揚他們使用的地下水流經石灰岩，因此能將鐵離子濾除，釀製出純淨甜美的波本威士忌，很顯然，波本重鎮使用的幾乎都是硬水。雖說如此，美國海悅酒廠（Heaven Hill）的首席蒸餾師Denny Potter曾提到，他們完全瞭解肯塔基州水質對蒸餾業者的助益，不過海悅使用的卻是經過處理的自來水，主要原因是酒廠希望使用的水質盡可能的純淨，因此必須濾除任何有害微生物。雖然如此，為了去除自來水中可能的氣味，海悅酒廠的用水於使用前仍先以活性碳過濾。

　　全美各地的石灰岩地質並不是肯塔基州獨有，田納西州、部分的密蘇里州、南伊利諾州和南印第安納州、西維吉尼亞州等，其岩盤組成也都是石灰岩，為什麼威士忌產業只在肯塔基州和田納西州發揚光大？顯然水質不是唯一重點，玉米或其他穀物的生長條件也是重要因素，另外還包括倉儲的環境、交通運輸等等問題。

　　簡單說，威士忌蒸餾業者需要的是純淨的水質，但是使用軟水或硬

水，對最終裝瓶的威士忌影響很難說好壞。我們必須了解，酒廠的水可區分為兩種用途，一種是直接參與反應並最後將進入消費者口中的製作水，另一種則是從頭到尾不會跟原料或酒接觸的輔助用水。這兩種水彼此間不可能互相接觸也不會混用，但卻可能來自相同的水源。

不同的水源具有不同的特性，河川溪流或湖泊屬於地表水，礦物質含量較少，但容易受到微生物或是其他汙染源的感染，供應上受到降雨量的影響而不穩定。泉水或水井為地下水，受地質影響較大，其礦物質成分可能較高，但微生物較少，水質及水源供應一般較為穩定。

以實用而言，過濾良好的自來水潔淨可靠、供應無虞，需要考慮的是加氯消毒產生的影響，只是行銷上不僅毫無助益，可能還幫倒忙，以致雖然有少部分蒸餾業者使用自來水，但絕口不提。

◈ 參與反應的製作水（會進入口中）

在酒廠的製程中，部分用水將直接與原料和酒接觸、反應，這些水包括：

1. 發麥時的浸泡水：

製作麥芽的浸泡水須達到外觀清澈無汙染、不致影響健康等飲用水的標準，另外由於大麥發芽時需要呼吸，因此必須注意水中溶氧量，氧氣不足須打入空氣以提高發芽率。不過大部分的蒸餾廠都不再自行發麥，沒有浸泡水的需求，而且麥芽出廠時必須烘乾至含水量約4～5%，因此幾乎可忽略浸泡水的影響。

2. 糖化用水或蒸煮穀物用水：

　　一般麥芽威士忌酒廠在糖化階段分3或4次注水，其中第一道水讓澱粉酶充分作用，將麥芽中的澱粉轉化為糖，其餘的注水則是盡可能的把糖份洗出，供發酵使用。至於使用其他穀物為原料的威士忌酒廠，則必須先透過蒸煮方式來糊化穀物以破壞澱粉鏈結，而後再加入麥芽或酵素來進行糖化。因此水的品質不單單影響糖化效果，同時也會影響後續的發酵，再經由蒸餾、熟陳，最終保留到裝瓶後的酒液，也因此糖化用水絕對是蒸餾作業中最重要的水，也是酒廠宣揚的重點。

　　酒廠使用的水質是軟是硬，主要由水中溶解的無機鹽或碳酸鹽類的含量來決定，但是水質的影響沒辦法簡單的從軟硬程度來區別，必須考慮礦物質的種類。鈣、鎂、鋅等微量元素，是酵母菌生長繁殖所需；硫酸鹽可降低麥汁或穀物糊的pH值，有利於發酵；而硬水中普遍存在的碳酸離子，將提高pH值不利發酵，而且容易在管線內形成積垢而難以清除。所以各種離子的影響利弊不一，關鍵在於濃度，使用的水質必須在硬度和酸鹼值之間取得平衡，也是每間蒸餾廠針對水源所需考慮的重點。

3. 入桶前的稀釋用水：

　　剛剛蒸餾出來的新酒在注入橡木桶前，依法令（如美國威士忌須在62.5%以下入桶）或陳年風味需求（橡木桶之酒精溶性或水溶性萃取物）都可能加水稀釋。這項作業若在酒廠內進行，使用的應該都是相同的水源，但若運到他處裝桶，例如從艾雷島運到本島入桶，為了減少運送的容量，通常是在運抵倉庫並在入桶前才加水，那麼使用的可能是無色無味的蒸餾水。

1. 裝瓶前的稀釋用水：

　　威士忌熟成後裝瓶，除非保留原桶的酒精度，否則需要加水稀釋。但酒友們試著想想，一批原料製作成新酒不過短短幾天，後續的陳年卻長達數年或數十年，製程中水的影響逐漸式微，反而是裝瓶階段的稀釋用水特別重要，必須維持完全中性才不致影響熟成風味，所以裝瓶前的稀釋水一般都採用無色無味的離子交換水或蒸餾水。當然也有部分酒廠宣稱使用的水和製作用水相同，但謹記，這些水都不可能從水源汲取後直接加入，必須經過處理，以符合當地的飲用水標準。

◈ 輔助用水（不會進入口中）

　　這些用水雖然不會直接與原料或酒接觸，但卻是酒廠用水的最大宗，為了維持水源不致匱乏，通常使用後經處理循環利用，包括：

1. 熱交換器的冷卻水：

　　由於酵母菌不耐35℃以上的高溫，因此麥汁或穀物糊送入發酵槽之前，必須先通過熱交換器將溫度從約60℃降低到20℃左右，而熱交換器內便必須使用冷卻水。不過這不是廠內唯一的冷卻用水，還包括將酒精蒸氣凝結成液態的冷凝水，蒸餾廠於實際操作時，必須考慮全廠加溫、降溫的能源使用效率來做整體規劃以節約能源成本，通常除了利用熱交換器來相互調配，還可利用蘇格蘭終年低溫的環境將熱水送到戶外蓄水池來降溫，有效率的進行循環利用。

2. 冷凝水：

　　用於冷卻剛剛蒸餾出來的低度酒或新酒。由於這種冷凝水影響酒精

蒸氣與銅質冷凝管的接觸時間，而銅又具有去除硫化物的功能，因此水溫高低除了影響冷凝效率，也將影響蒸餾出來的酒質。一般而言，除非酒廠位在氣溫長年偏高的國度，不會耗損能源降低冷凝水的溫度，而是搭配戶外蓄水池循環使用，導致夏季、冬季的水溫不同，製作出來的新酒風味也有些許差異，成為少數酒廠在酒標上特別註明蒸餾季節的行銷賣點。

3. 鍋爐用水：

蒸餾器若採用間接加熱法，則必須將鍋爐內的水加熱，再將蒸氣導入蒸餾器與酒液進行熱交換。這部分的水因為在密閉空間內循環使用而不致損耗，但可納入酒廠的能源規劃中。

4. 清潔用水：

糖化槽、發酵槽、蒸餾器及相連管線都必須定期清潔，以避免微生物感染、殘留而破壞下一批次的使用。一般的清潔原則為現場清潔（CIP），不需要勞師動眾的拆解槽體或管線，通常以熱水加蘇打（氫氧化鈉）成鹼性水消毒清潔後，再以磷酸或硝酸調製的酸性水進行中和，最終以洗滌劑、漂白劑或其他化學消毒劑移除所有可能的微生物，而後以大量清水沖洗。這部分的用水不為一般消費者所知，但清潔不夠徹底將影響風味，其用量大也無法循環使用，必須依環保排放標準進行處理。

5. 其他冷卻用水：

少數酒廠在蒸餾器天鵝頸或林恩臂加裝的淨化器需要冷凝水，如格蘭冠、大摩等，費特肯（Fettercain）直接在天鵝頸灑水最是稀奇。這些用水收集後，同樣進入酒廠能源規劃的一環來循環利用。此外，另有少數酒廠的不鏽鋼發酵槽為雙層結構，內部通水來控制溫度、保持酵母菌

的活性，這類水與冷凝水相同，同樣可循環利用。

　　以上用水的水質無須符合飲用水標準，所以可以從水源直接汲取使用，但假若水質過硬，碳酸離子容易積垢在管線內，不僅清除不易，也將造成管線腐蝕破洞而影響效能，因此仍需檢查其離子濃度，必要時須進行去離子處理。

◎ 所以，軟水還硬水？

　　考慮以上各項因素，顯然水質的軟硬並無一定標準，水中礦物質的種類和濃度可能影響風味走向，而不足為外人道的還有製作效率。每間酒廠堅持的水源都有其依據，但換到另一間酒廠可能又不同，即便水源、水質可視為酒廠的重要指標，卻也無需過分強調。

　　唯一可確定的是，所有的酒廠都必須取得品質良好、供應穩定的水源。雖然蘇格蘭法規不允許在水中添加礦物質來調整水質，但透過水質處理去除某些成分卻是合法的。因此假若水源無法滿足需求，使用前可利用活性炭來進行過濾，或利用離子交換樹脂（IER）、逆滲透（RO）或奈米濾膜來移除不需要的礦物雜質，或以紫外線、加熱等方式去除水中的微生物，最終目的，便是控制風味走向不致偏離。

格蘭傑的Tarlogie之泉
（圖片提供／酩悅軒尼詩）

性感的蒸餾器

「各位，這就是我們使用的蒸餾器，我們在天鵝頸上裝置了一個蒸餾球，讓酒精蒸氣產生更多的回流，加上15度角微微向上的林恩臂，都為了讓我們的酒質更加澄淨，充滿各種輕盈美妙的夏日水果清甜……」

　　底下這個故事我百說不厭，因為在我踏入威士忌領域的十多年經歷中，不僅是重要的里程碑，甚至改變、扭轉了我過去所有的觀念。

◈ 我的愚蠢故事

　　我從2005年開始認識威士忌，同一時間也認識了一票熱情的geek，如魚得水的一頭栽入不需要倚靠酒量也能存活的知識威海。但由於資訊來源有限，當年這些好友、酒專、達人或品牌行銷、大使（早期台灣的酒商並沒有聘請品牌大使）便不斷教育、灌輸我一個非常重要的資訊：蒸餾器形狀決定酒廠風格。因為耳朵都聽到長繭了，所以偶而也玩起「看蒸餾器猜酒廠」的趣味問答，我所知有限，當然時常猜錯。

　　2015年10月，因參加Keepers of the Quaich的典禮而首度造訪蘇格蘭，先前往格蘭父子公司的大本營德夫鎮住了兩宿，不過抵達後參訪的第一座蒸餾廠不是格蘭菲迪，不是百富，而是2014年成立的年輕酒廠Ballindaloch。酒廠經理帶著我們穿過糖化、發酵設備，一路滔滔不絕的解說，就和其他酒廠參觀行程無異。當來到嶄新、閃耀著金黃色光澤的2座

蒸餾器前，由於老婆大人非常難得的陪伴在身邊，為了展現我新科Keeper的專業能力，所以舉手發問：「請問你們是如何決定蒸餾器的形狀？」酒廠經理聽了有點發愣，好一陣子後才搔搔頭回答：「不是我們，是蒸餾器製作商設計出來的。」

酒廠經理顯然誤解了我的意思，他們當然不可能自行繪圖設計蒸餾器（雖然目前越來越多小型工藝酒廠參與蒸餾器的設計，或甚至自行設計後請金工打造），但我想了解的是，到底Ballindaloch在建廠之初，是否已經先勾勒出酒廠的風格走向，而後依據這個目標決定蒸餾器的形狀？總不可能走進蒸餾器大賣場，直接挑選現貨後刷卡搬回來吧？況且我的問題其來有自，江湖謠傳裡，噶瑪蘭的蒸餾器便是抄襲格蘭利威，用以仿製相同的風味。

但酒廠經理的遲疑突然間觸動了我的敏感神經，到底過去對於蒸餾器的認知是來自製酒人還是行銷？蒸餾器能完全決定新酒的風味嗎？還是只有一部分？如果是後者，那麼還有哪些因素我從來沒去了解？這些思考，讓我從蘇格蘭返台後有了極大的轉變，開始從原料著手，跟著製酒的流程，一步一步去了解每項製程的細節，以及這些細節可能產生的影響，慢慢建構起對於「蒸餾」的完整知識。

◈ 蒸餾器的形塑風味能力

任何一間蒸餾廠，最吸引人駐足觀賞的設備絕對是曲線優美的蒸餾器，不僅閃耀著黃金般的光澤，擁有洋蔥形、梨形、燈籠形等高矮胖瘦各式各樣的造型，加上從天鵝頸延伸的林恩臂或上舉或下垂，可以激發所有參觀者無限的遐想，難怪成為酒廠用於宣揚自家獨特風格的最佳代言。但是蘇格蘭酒廠歷史動輒百年，在建廠之初，可連「單一麥芽威士

忌」的名詞都尚未發明，絕大部分的產製成果都是為了調和品牌服務，談起「酒廠風格」想像力未免太過豐富。

所以某些資金不甚寬裕的酒廠，建廠時的設備多來自其他酒廠汰換的設備，譬如William Matheson在1843年買下啤酒廠並改建成格蘭傑蒸餾廠時，決定與其花大錢購買新蒸餾器，不如從鄰近琴酒廠買回二手貨；老威廉‧格蘭於1886年以120英鎊創建格蘭菲迪酒廠時，接收了卡杜（Cardhu）的舊蒸餾器而省下大筆開銷；6年後的百富酒廠故技重施，分別從樂加維林及Glen Albyn買回蒸餾設備。以上這些蒸餾器都號稱「自建廠之初便從未改變」，所以就算擴廠新增蒸餾器組，仍依據舊蒸餾器的形狀打造，以致今天我們津津樂道於格蘭傑高雅純淨的花香，或是格蘭菲迪、百富的果甜和蜜甜滋味時，可曾思考風味與蒸餾器的連結是從什麼時候開始的？

從地球另一端的角度來看，日本賓三得利所屬的的山崎、白州蒸餾所，由於日本特有的保守、內斂經營方式，調和所用的原酒型式必須自給自足。為了增加多樣性，兩座酒廠各自安裝了8組酒汁、烈酒蒸餾器，形狀各異，林恩臂或上揚或下傾，交互使用下，可製作超過百種風味迥異的新酒。台灣南投酒廠於2008年建廠時，從台灣菸酒公司所屬的其他酒廠徵調了3支白蘭地蒸餾器，再加上1支遠從蘇格蘭弗賽斯（Forsyths）買回的全新蒸餾器，克難的打造起台灣另一項蒸餾奇蹟。這麼多的案例，該如何看待蒸餾器對於新酒風味的影響？

我絕不否認蒸餾器具有強大的形塑風味能力，事實上，單純從蒸餾器的外觀也可以推敲出蒸餾廠的企圖。一座瘦瘦高高的蒸餾器，無疑是希望製作出清瘦高雅的酒體，相對的低矮肥胖的話，想當然爾的追求肌肉與力量；假若罐體與天鵝頸間加裝一顆蒸餾球，顯然是藉由擴大的體

積來讓酒精蒸氣凝結下滑；上舉的林恩臂提高蒸氣上升的難度，下傾的林恩臂則讓蒸氣無法回頭。這些外型特徵的功用都十分明顯，而且確實也能發揮效果，不過假若只看蒸餾器形狀便據此作出推論，那麼便是見樹不見林了。

◈ 影響蒸餾的因子

先不談蒸餾作業以前的碾磨麥芽、糖化和發酵製程，也不管蒸餾以後長達數年到數十年的橡木桶熟陳，單純就蒸餾作業來討論好了，若扣除形狀因素，其他可能影響風味的因子還包括：

●　蒸餾液的裝填量：

我們進入酒廠參觀時，可以看到蒸餾器上標示的容量，但容量通常只是安全裝填量，並不等於實際裝填量。實際裝填量由發酵作業控制，而量多量少則與加熱速度和蒸餾速率互相關連、互相影響。

●　蒸餾液裝填時的溫度：

酒汁進入蒸餾器進行一次蒸餾時，必須通過熱交換器先行預熱，否則蒸餾器銅壁的導熱效果比較好，假若酒汁與銅壁的溫差過大，不僅加熱不均勻，且容易讓酒汁裡殘留的蛋白質和極少的糖分因接觸銅壁而燒焦。

●　加熱方式：

直火加熱的火候控制不易，又因透過罐底和銅壁將熱能傳遞給蒸餾液，彼此的接觸面上容易產生焦垢，必須加裝迴轉的銅鏈來刮除。若採用蒸氣間接加熱，雖然可以免除以上問題，且容易控制加熱速率、維持溫度，不過仍需考慮蒸氣管的高度和裝填量，避免當蒸餾液面逐漸降低時蒸氣管外露。

- 加熱溫度：

蒸餾速率的快慢與加熱溫度有關，而蒸餾速率影響蒸氣的回流和新酒的酒體。加熱溫度維持高溫時，酒精蒸氣壓力大，可衝破蒸餾球、林恩臂、回流裝置等重重障礙直抵冷凝器，相反的，放緩蒸氣壓力進行低溫加熱，可製作偏屬輕盈的酒體。

- 溫度提升速率：

無論直火或間接加熱，溫度提升速率的快慢，影響蒸餾液內溫度的分布，也跟著影響蒸散氣體內所含化合物質的分布。這部分與加熱溫度的詳細說明，可參考下一篇〈緩蒸慢餾還是快蒸速餾〉。

- 附屬回流裝置：

任何裝置在天鵝頸或林恩臂上的回流裝置，都可以提高蒸氣冷凝的難度，進而影響新酒酒體。

- 冷凝器：

傳統酒廠的蟲桶式冷凝器只有一支由粗變細、盤繞的冷凝管，而大部分酒廠採用的殼管式冷凝器內部則有上百支冷凝管，以致蒸氣與冷凝管壁的接觸面積與接觸時間都大不相同。此外，冷凝器的材質採用銅或不鏽鋼，蒸氣與冷凝管之間的化學反應又不同，都會影響新酒風味。

- 冷凝水溫：

冷凝器裡的冷凝水由下而上流動，蒸氣則由上而下凝結，假若冷凝水溫較低，可促使酒精蒸氣較早凝結，減少蒸氣與冷凝管壁的接觸反應時間；相反的，冷凝水溫度較高的話，則可延長蒸氣與冷凝管壁的接觸時間，但也提高未凝結的蒸氣衝進安全箱的風險。

> 酒心提取：

　　每間酒廠提取酒心的方式都不盡相同，或是以時間控制，或是以酒精度，又可能藉由蒸餾者的感官來判斷。至於酒心提取的範圍也不盡相同，以致取出的化合物種類、含量也不同。

> 酒心提取後的處理：

　　通常是將所有產製的新酒，譬如一整個星期內的產量，混合放置於暫存槽，經加水稀釋（或不稀釋）之後再灌注入桶，所以每次蒸餾的差異，無論來自上述任何因素，都因此而抹平。有沒有可能蒸餾一次便入桶一次？大概只有非常小的酒廠才可能這麼做。

　　調整以上各項影響因素，可以千變萬化出不同的新酒風味。譬如在瘦高型的蒸餾器，採用加大火力的快速蒸餾、較低的冷凝水溫或蟲桶、或乾脆使用不鏽鋼冷凝器，便可做出粗重且具有肉質感的酒體；矮胖型的蒸餾器，只需要放緩蒸餾速率、裝置淨化器（purifier）來增加回流，同時升高些冷凝水溫或採用二次冷凝（sub-cooler）設備，也可以製作出輕巧柔美的酒體。變化之妙，存乎蒸餾者之心，也正是「君子不器」的實際應用。

◈ 我的愚蠢故事的啟發

　　帝亞吉歐於2013年，默默的在Leven裝瓶廠設立了集團所屬的第29座蒸餾廠，但不事生產而僅供實驗，蒸餾器的組件可拆卸交換，號稱可製作出其他28座蒸餾廠的風味；格蘭傑於2019年打造了一套與原蒸餾器形狀相同，但擁有不鏽鋼與銅製冷凝器的的蒸餾器組，比爾博士未來將進行什麼實驗，讓人好奇；但同樣擁有兩套冷凝器的大型蒸餾廠Ailsa Bay和

格蘭路思保險箱

蒸餾器製造商Forthys

Roseisle，早已經在生產中，而功能強大的混血式蒸餾器，在許多工藝酒廠內持續蒸餾中……

　　確實，性感的蒸餾器具有強大的吸睛能力，酒廠的參觀者很難不駐足停留，但千萬不要像幾年前的我一樣，被炫目的造型和光澤所欺瞞了，魔鬼（其實是天使），藏在導覽或行銷不告訴你的諸多細節裡。

擁有最高蒸餾器的格蘭傑
（圖片提供／酩悅軒尼詩）

擁有最長林恩臂的格蘭蓋瑞

WHISKY
11

緩蒸慢餾還是快蒸速餾？

「我們的酒廠採用曠時費工的製作工藝，不惜成本的以全蘇格蘭最慢速
的蒸餾方式，釀製出乾淨、甜美、溫醇的口感甜……」

　　當全球的威士忌風潮越演越盛，酒廠、酒款之間的競爭態勢也越來
越激烈；當越來越多的威士忌酒友深入全世界各地酒廠，第一時間在網
路上發表圖片、文章或影片，並詳細解析酒廠的製作工藝特色時，過去
避談技術、採用美化包裝的行銷手法已經被逐漸破解。面對如此新穎快
速的網路環境，不具理工專業背景的行銷專才想必十分頭痛，因為他們
須從酒廠的製作細節上挖掘出更多酒廠特色，以滿足酒友們知識上的渴
望，也因此我們發現，越來越多的行銷已經修改與消費者溝通的方式，
持續往知識面靠攏。

◈ 蒸餾只是製作的最後一步

　　這種趨勢最早從橡木桶開始，而後逐步走進酒廠內部，盤查製作過
程中較為特殊、可能引發消費者興趣的步驟，都成為特色行銷的重要素
材。蒸餾器是酒廠裡最閃耀的明星設備，當然不可能被忽略，而歷經多
年的教育後，認真的酒友們對於酒心的切取方式、酒頭酒尾的再蒸餾等
技藝都已經琅琅上口，但接下來呢，還有什麼值得說嘴？

　　很有意思的，許多行銷重點都放在蒸餾速率上，而且無不強調其

慢，或曰「緩蒸慢餾」，或自稱「蘇格蘭最慢速蒸餾的酒廠」。確實，蒸餾速率在產製上是個影響因素，放緩速率，可以讓蒸氣和銅產生更多的接觸（比較有學問的說法是「對話」），去除我們不喜的雜味，讓新酒的酒質更為乾淨。而且若要將速率放緩，所需的能源成本勢必提高，也可藉此宣揚酒廠不惜成本也要做出好酒的堅持。

我喜愛乾淨明亮的果甜，也極欣賞這些提高成本代價製作出來的威士忌，但慢速蒸餾一事卻讓我百思不得其解。先不談酒廠行銷從未解釋所謂的「慢速」到底有多慢，但各位酒友不妨思考：

1. 蒸餾速率是個不容易拿來溝通的數字，因為它只是新酒製作的最後一環，不僅無法單獨存在，而且受到前端影響極大。

2. 我喜歡慢速蒸餾製作出來的產品，但並不代表我不喜歡他種產品，蒸餾速率的快慢不應該與酒質牽扯上關係。

相信大家都非常清楚蒸餾廠的作業流程，假若不是自行發麥，那麼購自發麥廠的麥芽運抵酒廠、放入儲槽之後，才進入實際的產製作業。簡化的流程包括碾磨－糖化－發酵－蒸餾－桶陳，順序上環環相扣，缺一當然不可，不過由於魔鬼（或天使）藏在每一個步驟，以及步驟與步驟之間的細節裡，工作人員不說，就算參訪過多少間酒廠、聽過多少次導覽人員的解說，都只是霧裡看花，凡胎肉眼看不出端倪。

舉我為例好了。由於過去能接收的資訊過於片面，我與大部分的酒友一樣，仰望著金黃燦爛的蒸餾器總是滿懷孺慕之情。不過三年前蘇格蘭本島最北端的沃富奔（Wolfburn）酒廠創廠人Andrew Thompson來台，與他一席談之後，又追加了email往來，陡然打開了我封閉多年的潘朵拉盒子，讓我窺知製酒人的天地。

◈ 環環相扣的製程──糖化才是源頭關鍵

沃富奔是間年產量約10萬公升純酒精的小廠，為了生存，從原料到製作所有的成本都必須精算，一滴能源都不能浪費，他們採用的策略是「同批次平衡系統」（1 balances system），也就是同一批次的麥芽陸續進行從糖化到烈酒蒸餾的每一個步驟，其間所需要的糖化槽、發酵槽、酒汁蒸餾器和烈酒蒸餾器容量都必須對等。假若糖化需要6個小時而蒸餾花費8個小時，那麼一天中可能浪費2小時來等待，所以最佳方式是讓這兩者花費時間相同，在1個工作天裡，剛好可以做二批次的蒸餾。

不是每間酒廠都採用這種平衡系統，當環節間的容量和製作時間不能對等時，必須在某個階段將容量相加，或分開處理。以齊侯門（Kilchoman）為例，由於發酵槽容量大，每批發酵完成的酒汁必須執行二次的酒汁蒸餾，因此必須減緩糖化的速率以便讓蒸餾跟上，如果不這麼做，就必須將發酵完成的酒汁暫存在酒汁暫存槽（wash charger），以清空發酵槽來容納下一批的麥汁。

不知道酒友們看得懂以上的說明嗎？簡單說，酒廠得全盤考慮製程所需的人工及能源消耗，而後採用最經濟的做法，小酒廠如此，24小時三班制的大酒廠更是如此。「慢速蒸餾」裡的蒸餾指的是烈酒蒸餾，屬於作業的最後一個環節，因此被前端的每一個環節控制。假設糖化時所需的熱水因鍋爐故障而供應不及，或假設發酵時因氣溫影響而延緩了終止發酵時間，又或者麥汁降溫、酒汁升溫的熱交換器阻塞，或工作人員換班操作等，一大堆會發生在任何廠房的小事故都可能發生在酒廠，最後便影響到蒸餾時間，不是壓縮，就是延長。

Andrew另外點醒了我，整個威士忌製作過程中，即便蒸餾最吸引人，也是參觀的重點，但「糖化」才是真正產製的關鍵：「如果到酒廠

工作，大概只需要4個月就可以學完蒸餾的一切，但是糖化，得花你2年時間！」為什麼？因為糖化是一種動態操作，每天都必須依據麥芽的情況來微調，需要絕大的技巧才能讓酵素發揮效率將澱粉轉化成糖，而且糖化作業位在產製的最上游，業界普遍認為這是蒸餾廠最困難也最需要技術的一環，而同儕間也藉此評斷蒸餾者的能力。假如酒精產出率和新酒品質都維持穩定，那麼一定擁有一位技術高超的Mash Man，但如果糖化效率差，雖然不代表新酒風味有問題，但產出率一定不好。

時間是最奢侈的配方，因為一切都急不來

蒸餾是酒廠最吸引人的製程，但發酵更是產製耗時最久的重要關鍵

◇ 蒸餾速率的探討

　　經上述解釋，酒友們是否已明瞭「蒸餾」在酒廠裡的重要性排序？接下來談談蒸餾速率。

　　舉最常見的二次蒸餾來說明。第一次的酒汁蒸餾基本上都差不多，從頭收到尾大概需要5、6個小時，視蒸餾器的尺寸和裝填量而定，但也同時受到前端發酵槽的容量和發酵時間，以及後端烈酒蒸餾的時間影響。我們看下表，格蘭菲迪的酒汁蒸餾需要6個小時，麥卡倫5個小時，

就算是布納哈本擁有蘇格蘭最大的酒汁蒸餾器（35,386公升），因為裝載量只有16,625公升（同樣的，來自於前端發酵的控制），所以需時4～5小時。

　　不過，烈酒蒸餾的時間就差異很大了，格蘭菲迪花費2～2.5個小時來取酒心，而麥卡倫只需要1個多小時，格蘭菲迪每批次需要8～9個小時來製作，麥卡倫僅需約一半的時間。

酒廠	酒汁蒸餾器／公升	需時／小時	烈酒蒸餾器／公升	酒頭／分鐘	酒心／小時	酒尾／小時	合計／小時
格蘭菲迪	9,100	6	4550	30	2-2.5	4～4.5	8～9
麥卡倫	12,000	5	4000	5	70分鐘	-	5

　　以上兩間酒廠的風格迥然有異，格蘭菲迪的酒體輕盈，充滿眾多的果香果甜，麥卡倫的酒體結實，擁有醇厚濃郁的果香。兩者風格的差異或許能從蒸餾方式窺知一二，但也不能遽下結論，因為我們還未審視前端的糖化、發酵等變因，更別談後端的熟陳。不過，就我所知，兩間酒廠從未拿「蒸餾速率」來跟消費者溝通，而且以銷售量而言，格蘭菲迪近幾年來穩坐全球第一，麥卡倫第三，顯然全世界的威士忌愛好者不會全然偏向同一類型的風格，青菜蘿蔔各有所好。

　　回到慢速蒸餾，全球麥芽威士忌酒廠中，印度的雅沐特耗費16個小時來做烈酒蒸餾，可說是極慢速的代表，但因為在熱帶環境熟成，與橡木桶進行強烈的交互作用而產生厚重的酒質。至於蘇格蘭，強調緩蒸慢餾的蘇格登Glen Ord，擁有我極欣賞的輕巧花果甜，但自稱蘇格蘭最慢速蒸餾的格蘭哥尼，因為橡木桶的使用策略，風格又與蘇格登不同，與雅沐特比較起來差異更大。

　　至於快速蒸餾，除了上面提到的麥卡倫，還有哪些酒廠採用？我於2020年5月，參加一場Blair Athol垂直品酒會，會後根據Misako Udo所寫的"The Scottish Whisky Distilleries"一書，查知酒廠可在4個小時內完成蒸餾，並提取出75%～58%的酒心，就我所知，堪稱最快速的蒸餾了。這麼快的蒸餾速率與這麼寬的酒心提取範圍，想當然爾的酒質應該厚重無比，且充滿著硫味與肉質，但並不盡然，因為這間酒廠前端製程採用快速發酵，蒸餾冷凝時又使用2支冷凝器來增加銅對話，新酒風味偏向堅果／辛香，品飲時口中滿滿是融在奶油油脂裡的堅果味，很容易聯想起咖啡巧克力。

◈ 你的喜好是……？

　　小型工藝酒廠Dornoch的創辦者Phil Thompson於2020年初來台時提到，他過去以為很懂威士忌，但其實只是皮毛，等到開始製作威士忌之後才知道學問深又廣。我只是紙上談兵，但從這些實際作酒的專業人士身上學到不少眉眉角角，蒸餾速率確實可以反映部分的酒廠特色，但如果不了解前因及後果，那麼單論蒸餾速率就有如瞎子摸象了。

快蒸速餾的麥卡倫
（圖片提供／愛丁頓賽盛）

緩蒸慢餾的格蘭奧德
（圖片提供／Paul）

━━━━━━━━━━━━━━━ ◇ 延伸閱讀 ◇ ━━━━━━━━━━━━━━━

　　有關製作流程，我曾以麥卡倫新廠為例做了簡單計算，有興趣的酒友們可以繼續閱讀，了解整個製作環節為什麼需要緊密呼應。

　　2018年5月開幕的麥卡倫新廠區分為5座圓頂，第一座圓頂下方是遊客中心和展示間，最後一座是糖化室，而第二～四座圓頂下則為結合了發酵及蒸餾的製作中心，稱為pod，每個pod配置的設備及容量如下：

- 發酵槽：7座，每座容量為50,000公升

- 酒汁蒸餾器：4座，每座容量為12,000公升，需時約5小時

- 烈酒蒸餾器：8座，每座容量為3,900公升，需時約5小時

- 低度酒和酒頭、酒尾收集槽：1座，每座容量為68,000公升

- 新酒收集槽：1座，每座容量為12,000公升

　　根據以上的配置，我的計算如下：

　　1. 假設糖化槽每批次16噸，可以產生16×4,500= 72,000公升的麥汁，每批次的糖化可裝入1.5座48,000公升的發酵槽；

　　2. 48,000公升的發酵容量剛好分配給4座酒汁蒸餾器；

　　3. 酒汁蒸餾產生的低度酒約為4,200公升，來自烈酒蒸餾的酒頭、酒尾約為1,800公升，則每一批次的酒汁和烈酒蒸餾將可收集到4,200×4+1,800×8=31,200公升，再分配給8座烈酒蒸餾器，則每座烈酒蒸餾器得到31,200/8=3,900公升；

　　4. 酒心取16%，所以每一個pod、每批次可取得3,900×0.16×8=4,992公升的新酒，3個pod假若不眠不休的每5小時做一個批次，再假設新酒的平均酒精度約69%，則總共可製作：4,992×0.69×3×（24/5）×7×51=17,707,383 LPA，大於預期產能1500萬LPA，所以產能不是由蒸餾控制，而是發酵。

　　5. 發酵完成後，酒汁的酒精度假設為9%，則48,000公升的酒汁有4,320 LPA，21座發酵槽每批次發酵便有90,720 LPA，1,500萬LPA的產能需進行165批次的發酵，則每批次發酵時間約：51×7/165=2.16天=52小時，非常合理。

施工中的麥卡倫新廠控制中樞──管線
（圖片提供／愛丁頓寰盛）

12

直火蒸餾下……

「一向以擁有斯貝賽區最精緻小巧的蒸餾器、聞名全球的麥卡倫，採用
的是傳統古法、直火加熱的方式，來獲取雄渾厚重的酒體……為了應付
全球威士忌年年增高的用量需求，許多酒廠早已改換成大型蒸餾器，並
捨棄技術難度更高、直火加熱的蒸餾古法，以提高產量，但麥卡倫始終
堅持承襲百年以來的傳統……」

　　這一段文字抄自《國家地理雜誌》網站，若不看發表時間，一切恍
若正常，但這篇文章卻是刊載於2018年7月，為5月公開亮相的麥卡倫新
廠而寫。作者顯然不查，麥卡倫早從2002年（一說2004年）左右，開始
陸陸續續將直火加熱蒸餾器轉換成蒸氣間接加熱，並且在2007年（一說
2010年）以前已全數完成，所以新廠的蒸餾器也同樣使用容易操控也更
有效率的蒸氣加熱。如此一來，文中所述直火加熱帶來的「雄渾厚重的
酒體」都屬臆測，都存在於作者想當然爾的浪漫懷想裡。

◈ 直火風味的想像魔法

　　或許問題便出在「想當然爾」，別說初入門的威士忌愛好者，就算
是資深酒友聽到「直火加熱」時，腦袋裡應該立即想像出是熊熊烈火上
沸騰的蒸餾液，以及糖份燒焦沾黏在銅壁上免不了的焦香味，很自然的
與渾厚紮實的酒質畫上等號。等喝到直火加熱製作的威士忌，如格蘭花

格、雲頂、早期的格蘭多納、格蘭蓋瑞或麥卡倫，或更早期的朗摩，這個等號刻畫得更為理所當然，似乎成為老式風格的代名詞。為什麼？因為在1960年代以前，幾乎所有的麥芽威士忌蒸餾廠都使用直火加熱，製作出來的風味與蒸氣加熱的穀物威士忌差異明顯，若加上老雪莉桶的加持，豐厚的酒體憑想像便足以讓人口內生津。

不過眼尖的酒友可能注意到，為什麼沒提到格蘭菲迪這間持續使用直火加熱至今不輟的酒廠？相信大部分的酒友都喝過格蘭菲迪，請試著回想一下酒中風味是不是完全背離我們想像中的直火風味？廠裡的烈酒蒸餾器尺寸小，容量只比麥卡倫的斯貝賽區最小蒸餾器稍微大一些，但輕盈曼妙、充滿複雜果甜的酒體，卻是從轟隆隆的爐火上蒸騰而出，打破所有關於直火加熱的幻想。

所以，直火加熱和蒸氣加熱的差別在哪？有其特殊魔法嗎？不同的燃料，如早期的無煙煤、煤炭以及近年的天然瓦斯，又有什麼不同？

◇ 直火加熱工法

先說明什麼是直火加熱。簡單講，直接在蒸餾器底部生火加熱的方式便稱為直火，便如同我們以瓦斯爐燒開水一樣；若透過蒸餾器內部的盤管（steam coil）或蒸氣罐（steam pan），將高壓蒸氣與蒸餾液進行熱交換，則稱為蒸氣加熱，有如家庭使用的電熱爐或是窮學生時代常用的電湯匙。早年直火的燃料都是無煙煤或煤炭，不過碩果僅存的少數直火酒廠早已經更改為瓦斯，世上唯一一間仍遵古法使用煤炭加熱的酒廠不在蘇格蘭，而是位在日本北海道的余市蒸餾所，自1934年由日本威士忌之父竹鶴孝政創立以來，即以複製正統蘇格蘭風味為己任，直到今天，依舊由勤奮的工人揮汗剷煤投入蒸餾器底部的爐灶。

　　直火和蒸氣加熱方式最大的差異在，由於銅的導熱性佳，直火的熱能經由蒸餾罐底及壁體由外而內導向蒸餾液，壁體的溫度會高達300℃、400℃以上，與液體的溫度差異極大。至於蒸氣間接加方式，其熱能透過淹沒於蒸餾液的盤管，由內而外輻射並與蒸餾液進行熱交換，溫度最高不會超過100℃。由於蒸氣盤管或蒸氣罐與液體的接觸面積較大，因此熱效率較好，又由於與液體的溫度差異較小，分布較為均勻。

　　直火加熱的缺點顯而易見，首先，火力大小必須靠人力維持，容易上下起伏，若以煤炭為燃料時，尤難保穩定。其次，由於銅壁與蒸餾液之間的溫度差異大，蒸餾液內微小的澱粉或蛋白質顆粒接觸到壁面時容易燒焦，產生焦烤、硫味或包心菜等不良的風味，假若火力過猛，還可能發生突沸現象，蒸氣夾著液體直接通過林恩臂衝入安全箱。

　　便因上述種種缺點，格蘭傑在1887年改用蒸氣加熱，成為全蘇格蘭第一間更換加熱方式的麥芽威士忌酒廠，其他酒廠則在1960以後紛紛改用蒸氣加熱，直到今天僅存個位數的酒廠仍繼續使用直火方式（詳見本篇附表）。這些維持傳統的酒廠認為，來自直火的焦烤味如果與其他風味恰當的平衡，所釋放的烤吐司、杏仁等宜人風味，便是重要的酒廠風格而不應該放棄。不過由於這種焦香主要來自微細顆粒所產生的梅納反應，因此雲頂只在酒汁（一次）蒸餾時才使用直火，日本賓三得利旗下的山崎和白洲蒸餾所也是如此，進行烈酒（二次）蒸餾時，來自一次蒸餾的低度酒已經十分澄清，繼續使用熱效率不佳的直火已經毫無意義。

　　就設備而言，由於焦烤物質容易黏著在蒸餾器的壁體上，罐底必須加裝以旋轉臂帶動銅鏈的特殊裝置，稱為「刮除器」（rummagers）。又因為刮除器將一併旋刮銅壁，因此直火加熱蒸餾器的罐底厚度較厚，並呈現凸狀，讓火力分布較為均勻；相對之下，蒸氣加熱的罐底呈現凹狀，用以容納蒸氣盤管。

　　「刮除器」的發明有一段歷史緣由。話說十八世紀末私釀盛行，為了鼓勵私釀業者合法繳稅，英國政府在1784年制定了《酒汁法》並劃定「高地線」，將蘇格蘭一分為二，以不同的稅率鼓勵私釀者合法。《酒汁法》的稅率是以蒸餾器的容量為基準，讓投機取巧的商人利用底盤較大的淺碟型蒸餾器，快速蒸餾出大量烈酒來合法逃稅。根據紀錄，業者1個星期內約可完成40次蒸餾，蘇格蘭官方更在1797年記錄了低地區一座中大型蒸餾廠，可在12小時內重複進行47次的蒸餾！便因為蒸餾的頻率太高，酒汁燒焦後黏著在設備底部，為了清除這些焦垢，「刮除器」於焉誕生。

直火蒸餾器凸狀底部及刮除器

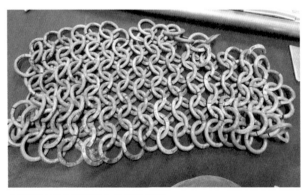

格蘭菲迪直火蒸餾器內使用的銅鏈

◈ 直火風味的再思考

在威士忌尚未形成風潮之前，酒廠默默的更改加熱方式都不會引人注意，這也就是為什麼我們難以探知麥卡倫更換設備的確切時間，甚至仍有酒友以為麥卡倫繼續使用直火。不過近年來態勢丕變，網路訊息流通迅速，一旦被問到相關問題時，酒廠的制式回答一定是「我們認為直火跟蒸氣加熱產出的新酒風味並無差異」是焉？非焉？有個極著名的反證，格蘭花格在1981年曾試圖轉換加熱方式，卻發現新酒風味變化太大，因此很快的回復到直火，成為目前全蘇格蘭唯一一間所有的蒸餾器都使用直火的酒廠。

另外，我也極度喜愛提出格蘭菲迪作為案例。格蘭菲迪目前正在擴廠，未來總共將裝設51座蒸餾器，但以舊廠的31座而言，21座是採用直火加熱，包括5座酒汁蒸餾器和16座烈酒蒸餾器，其餘10座不知何時改為蒸氣加熱。不過酒廠帶領導覽時，訪客看到的是整齊壯觀的1號蒸餾室，裡面裝置的13座蒸餾器（5座酒汁和8座烈酒）全都使用直火，也因此讓人誤以為全廠都使用直火加熱。

但為什麼格蘭菲迪的風格無法與直火加熱產生聯想？原因有二，第一、酒廠採用瓦斯作為燃料，以極溫和的火力來進行緩慢的蒸餾，酒心提取時間約為麥卡倫的2倍，塑造出果香滿溢的乾淨酒質。第二、絕大部分的直火用在烈酒蒸餾器，僅有5座酒汁蒸餾器使用直火，由於二次蒸餾採用直火的意義不大，因此全直火產製的新酒在入桶前與非全直火的新酒在儲槽內混合，微小的風格差異大致都被抹平了。

根據私下探詢格蘭菲迪，不同加熱方式產製的新酒並沒有分開桶陳，而是混合後再入桶陳放，也因此無法判定兩種加熱方式的風味差異，不過也如同其它酒廠一樣，堅稱並沒有任何風味上的區別。我私下

猜測，任何一間大酒廠都不可能放棄這麼有趣的差異性產品，所以一定偷偷分開陳放，哪天找出適當的行銷方式，調酒師Brian Kinsman便可大展身手了。

◈ 我們試得出差異嗎？

今天僅存的直火加熱酒廠確實不多，部分酒廠的資料如下，2015年成立的新興酒廠Dornoch本來也使用瓦斯燃料作直火蒸餾，不過根據Phil Thompson的說法，直火太難駕馭、太難控制了，因此在2019年更改為電熱爐，算是直火的減碳版吧？

但我們試得出直火和蒸氣加熱的風格差異嗎？有興趣的酒友，不妨就根據酒廠的歷史資料，搜尋一些直火加熱的版本，再與今天蒸氣加熱版直接PK比較吧！

碩果僅存的全直火蒸餾廠——格蘭花格
（圖片提供／隼昌）

早已改用蒸氣加熱的麥卡倫酒廠
（圖片提供／愛丁頓寰盛）

波摩蒸餾器使用的蒸氣罐

歷年來著名的直火加熱酒廠

酒廠	酒汁蒸餾	烈酒蒸餾
格蘭花格	全	全
格蘭菲迪	部分	部分
雲頂	全	無
托本莫瑞	2014年停止	無
麥卡倫	2010年停止	2010年停止
格蘭多納	2005年停止	2005年停止
奧德摩爾（Ardmore）	2001年停止	2001年停止
格蘭蓋瑞	1995年停止	1995年停止
朗摩（Longmorn）	1994年停止	1994年停止
史翠艾拉（Strathisla）	1992年停止	1992年停止
雅柏	1989年停止	2001年停止
格蘭冠	1986年停止	1986年停止
格蘭利威	1986年停止	1986年停止

WHISKY
13

一切為了酒精

「每一間酒廠都必須有效率的製作酒精，這是酒廠生存的命脈，因此如
何將藏在穀粒裡面的最後一滴酒精釋放出來，成為評估蒸餾者技術能力
最重要的指標……」

　　《麥芽威士忌年鑑》（Malt Whisky Yearbook）是我每年必買的一本
參考書，內容雖大同小異，但重點就在「小異」。舊蒸餾廠的製程和設
備每年或多或少做些更新，全球各地也陸續興建新蒸餾廠，收集這些資
料進行系統性的整理，對於有數字癖的酒友來說根本功德無量。此外，
每年版本的最後幾頁都是統計數字，包括蘇格蘭威士忌出口量的排名和
各品牌銷售量的排名，同時也含括了每間酒廠的產能。以2020年版本為
例，格蘭利威產能高居第一，年均產能達2,100萬公升，接下來是大家熟
悉的麥卡倫、格蘭菲迪……等，與末段班Abhainn Dearg酒廠的2萬公升比
較，可以清楚得知各酒廠的規模和差異。

◈ 不是瓶也不是公升──產能的度量標準

　　不過大家是否注意到產能的單位？Litres of pure alcohol （LPA），直
接翻譯就是純酒精公升。酒廠當然不可能直接蒸餾出100%的純酒精，而
是經由換算，譬如產製了10,000公升新酒，假設平均酒精度為69%，那麼
產量便是6,900 LPA。我極度欣賞蘇格蘭威士忌產業將LPA作為度量衡標

準，加上幾乎所有的國家都是以純酒精作為課稅依據，因此很適合作為
生產端的數據指標。相對的，市場調查報告常用的單位「瓶」或「9公
升箱」，如果是作為銷售端的數據指標尚稱合理（「量」無法換算為「
值」），卻因為缺乏酒精度，所以難以用來評估酒廠的產能。

　　不過LPA仍有一個明顯的缺點，便是一旦成為比較基準，似乎便暗
示著酒廠的生產製作全為了酒精。事實上，從來不乏聽到「一切為了
酒精」的說法，尤其是站在生產管理立場，必須將麥芽或其他穀物轉
化為酒精的轉化率──稱為「預期酒精產出率」（Predicted Spirit Yield,
PSY）──當作評估酒廠營運優良與否的基準。在這個大前提下，酒廠必
須使用精確控制的糖化設備和熟練的技藝，將麥芽中所有的澱粉轉化為
糖，再利用高效率的吃糖酵母在最短時間內將糖轉化為酒精，而後透過
二次、三次或連續式蒸餾將發酵後的酒精全數提取出來，也因此PAY成為
酒廠重要的KPI。

　　經濟層面上，這個觀念並不為過，終究酒廠必須獲利才能持續營
運。但威士忌不全然為工業化產物，而是介於農業與工業之間，視PAY為
量尺，就好像回到十九世紀末、二十世紀初所發生的「何謂威士忌」大
辯論一樣，將傳統農莊式經營與現代化酒廠端上檯面評比。今日的我們
無須將這個定義清楚的名詞拿出來再辯論一次，但趨勢十分明顯，目前
威士忌產業面臨供不應求的風潮，酒廠必須未雨綢繆的增產，在原料或
製程上繼續追求改進，務必搾取藏在穀物顆粒裡最後一滴酒精。

　　所以一間設計精良的現代化蒸餾廠裡，絕大部分的設備都由電腦操
控，酒廠員工面對的通常是好幾個控制面板，用來觀察、記錄每一座糖
化槽、發酵槽和蒸餾器的相關數據：溫度變化、填注量、比重、流量、
閥門啟閉、轉速、壓力和酒精度等。事實上工作人員也無須費心操作，

一切均由軟體和監測系統代勞，只需留意是否出現任何警訊，再按SOP來處理，每星期、每個月或每年結算的酒精產出，便是這一切辛勞的成果。

不過正如前文＜全手作的浪漫＞所言，在一片現代化的浪潮中，部分酒廠依舊堅持傳統，但更重要的是──各位酒友千萬別搞混了──所謂的「酒精」並不是100%純酒精。從製程上來看，完成發酵的酒汁是由90%以上的水、不到10%的酒精，以及極少量、僅約0.1%的風味化合物質所組成。這些稱為「同屬物」（congerner）的物質，是由酵母菌或其他雜菌，經由消化麥汁產出的各種甲醇及其他高級醇、酯類、酸類、醛類、酮類、酚類和硫化物等所組成，每一種化合物都帶來不同的風味感受。蒸餾完成後，新酒的酒精含量依蒸餾次數多寡可大幅提高到約65～95%，水的含量隨之降低為35～5%，而同屬物因不隨蒸餾揮發，濃度提高到約0.5%左右，仍占非常少數。所以問題來了，純水、純酒精加上極稀少的化合物，如何變身為讓我們癡迷不已的威士忌？

◈ 橡木桶的魔法

讓我們做個想像實驗，假如把純水或純酒精放入橡木桶中，會發生什麼事？首先，來自原先吸附的潤桶酒種和木桶經熱裂解後釋出的色澤同樣會被溶解出來，以此裝瓶，就如同擺飾用的dummy bottle，無法從外觀上去辨別。其次，屬於橡木桶本身具有的風味物質，如波本桶的香草、奶油或是雪莉桶的乾果、蜂蜜，以及木質單寧、燒烤煙燻等，也都會被解析出來，但是將依物質的水溶性或酒精溶性而導致濃度不一，如單寧、焦糖屬於水溶性，椰子風味的內酯和造成過濾困擾的脂質則是酒精溶性。可就算如此，這種外觀相仿，但香氣或口感都難以接受的液

體，我們不會稱它為威士忌，就是因為它少了原本存在於蒸餾烈酒中，僅僅0.5%的風味物質。

理論上，新酒在橡木桶的陳年反應可拆解為排除、賦予，以及互動等三大部分，可能平行發生，也將相互交錯影響。若只是純酒精，沒有任何物質被吸附過濾，因此排除過程可忽略不計，而橡木桶所能賦予的物質，就如同上面所述的色澤、單寧和其他各種酯類、醛類、酸類和脂質，以及潤桶時吸附在木桶纖維裡的原始酒種。所以唯一的差別，就在橡木桶賦予的物質如何與蒸餾烈酒裡的風味物質互動反應。

互動過程的化學變化以氧化為主，溶解於酒液中的氧氣與化合物反應之後，將促使酸類、醛類逐漸轉變為我們喜愛的酯類，不僅帶來各種花果風味，也提升口感上的飽足感。不過這些反應機制因為過於複雜，到目前為止還不是十分清楚透澈，有部分研究顯示，當木桶的溶出物質增加時，可以跟水解單寧、氧氣，以及從蒸餾過程中得到的銅離子交互作用，近年來的研究也指出，銅離子在化學反應中是一種極重要的促發因子，這是純酒精所無法提供的元素。

以上的化學名詞看起來十分礙眼，對於非理工科系的酒友可能造成閱讀障礙，但卻是我們得以享受威士忌迷人香氣和溫醇口感的最主要原因。在長時間的熟陳中，揮發性物質——主要為水和酒精——將透過蒸散作用從橡木桶表面散逸，也就是我們熟知的「天使的分享」，而逐漸增加的桶內空間將由空氣取代，空氣裡的氧氣則參與化學反應。至於原先溶解於酒液中的化合物，若揮發性比酒精或水為低，那麼在長時間的蒸散之後，濃度將持續提高。如此一來，透過與儲存環境的交互作用，酒液內的化合物持續在有氧環境下反應，發展出每一桶酒獨有的風采特色。

變化的關鍵：橡木桶熟陳

格蘭蓋瑞展示的新酒和酒尾

◈ 中性酒精與純酒精如何取得？

　　蒸餾烈酒為什麼被稱為「spirit」有許多種說法，其中之一來自中古世紀發明蒸餾技術的煉金術士。在他們玄之又玄的話術裡，日光是存在於自然界中閃耀的黃金，穿透水果的表皮保存在汁液內，須透過蒸餾方式才能釋放出來，因此蒸餾得到的液體便是物質的精華。另外也有學者從字源上去追究，認為英語中的「酒精」來自阿拉伯語的ghoul，也就是幽靈、鬼魂的意思。不過站在吾等烈酒愛好者的角度，寧可相信所謂的spirit，是一種能滌清、提振我們精神、心靈的生命之水，釋放出與我們生命交融的精華，讓我們的身心靈昇華到另一重境界。這一切，都得拜微不足道的0.5%化合物所賜，也正是蘇東坡《濁醪有妙理賦（神聖功用無捷於酒）》中所謂的「濁醪」。

　　最後，對於不清楚為何蒸餾方式無法得到100%的純酒精的酒友，大概說明如下。由於酒精的沸點比水低，所以透過多次蒸餾，可持續將酒精度提高，但是當酒水混合液的酒精含量達到97.17%時，混合液將在78.29℃同時發生沸騰現象，稱為「共沸」，因此再也無法分離酒精和水。

　　主要烈酒產國在法規中都會訂定所謂的「中性酒精」（neutral spirit）標準，如蘇格蘭的94.8%、美國的95%、加拿大的94%以及歐盟的96%等（以上的比例均為體積比），大概都比97.17%的理論共沸點低一些。中性酒精是採用一般蒸餾方式所能達到的最高酒精度，如果使用壺式蒸餾器則需要耗費大量的能源成本（多年前布萊迪曾做過四次蒸餾的X4，酒精度在90%以上），必須使用連續式蒸餾器才划得來，但依舊不是純酒精。那麼，純酒精（或稱無水酒精）又是如何取得？

　　根據我於網路查得的資料，一般常用的製作方法如下：

1. 三相共沸物蒸餾脫水法：這是大規模生產純酒精最通用的方法，在酒水混合液內加入脫水劑，而後再進行蒸餾，可得到99.8～99.95%的酒精。一般使用苯作為脫水劑，不過由於苯帶有毒性，只能做工業酒精，若是醫藥、化妝品等用途，須改用其他化合物當作脫水劑，如環已烷、乙二醇或醋酸鉀。

2. 化學反應脫水法：利用生石灰、氯化鈣作為脫水劑，加入酒水混合液之後，在加壓情況下與水反應，而後再進行精餾。

3. 分子篩分離脫水：酒水混合液通過分子篩後，可將水份吸附，使酒精濃度提高到99%以上。

4. 萃取蒸餾：在蒸餾塔中酒精蒸氣上升時，將萃取劑如甘油、乙二醇、醋酸鉀等向下導流，溶劑把蒸氣裡的水份帶走，無水酒精繼續上升到頂部經冷凝後提取。

格文穀物蒸餾廠可製作高達94.8%的烈酒

（圖片提供／格蘭父子）

新冠病毒於2020年肆虐全球時，許多酒廠利用蒸餾烈酒製作出手部消毒液

（圖片提供／百加得）

百分之八十的風味都來自橡木桶？

「讓我們輕輕啜飲一口這杯在美國白橡木雪莉桶中熟陳了12年的酒，仔細去感受口中隨著飽滿的奶油油脂化開的許多蜂蜜、葡萄乾、蜜棗和太妃糖甜，少許具有刺激性的肉桂、薑片辛香，還有一些堅果、黑巧克力以及微微的黑咖啡……」

橡木桶是所有酒友踏入威士忌殿堂的踏腳石或敲門磚。在知識行銷當道的今天，幾乎所有的品牌都會告訴消費者有關橡木桶種種的資訊，包括材質（美國白橡木、西班牙橡木、歐洲橡木……）、桶型（butt、barrel、hogshead……）、潤桶方式（雪莉桶、波本桶、紅酒桶……），讓消費者初步了解在不同的橡木桶熟陳下，每一款酒可能的風味走向，或更進一步探索利用不同橡木桶進行調和及過桶時，可能發展的層次及變化。某些政策透明的酒商，除了清楚標示酒款使用的橡木桶種類，還可能告知消費者各種橡木桶調和的比例。

為什麼橡木桶如此重要？因為威士忌的生產若從麥芽開始，短則4天、多則一個星期，便可從蒸餾器汩汩流出新酒，但接下來則是漫長的等待。在物換星移的荏苒時光中，藉由橡木桶的排除、賦予和互動反應，酒質逐漸產生變化，而變化的幅度遠超過生產時的發酵及蒸餾過程。因此許多品牌行銷都會告訴消費者，我們喝到的酒款中，50～80%的風味都來自橡木桶，但是影響到底有多大，由於牽涉到感官，沒有、也不可能有確切的量測數據。

◈ 製作橡木桶最重要的環節

　　酒友對橡木桶的興趣及認知，大概就僅止於此，不過假如橡木桶的影響如此巨大，應該還有更多的學問值得深究。我於2019年10月講了一堂品酒課，但是這堂課的主題不是酒，而是桶，所以稱為品「桶」課更為恰當。課程分為兩個階段進行，第一階段中，使用瑞典「高岸」酒廠在2013年所裝出的Advanced Master Class No 1 "Toasting levels"，讓參加者分辨橡木桶於不同烘烤程度下產生的風味差異；第二階段使用的是麥卡倫免稅專賣的「探索」系列，利用不同的橡木桶組成來解構調和工藝。

　　準備講述內容時，我於網路上觀看了許多製作橡木桶的影片，除了曾造訪的肯塔基Indepent Stave Company（ISC）之外，還包括同樣製作波本桶的Jack Daniel's、法國葡萄酒桶製造商Tonnellerie Radoux和Vicard Cooperage，以及西班牙的Tevasa，酒友們有興趣也可以在Youtube頻道搜尋觀賞。這些影片給了我不少啟示，其中之一是如何彎曲原來直挺挺的板材為弧狀，再以桶箍定型。傳統上將簡單固定的木桶放在明火燃燒的爐灶上，一邊烘烤一邊灑水，以避免兩端箍緊彎曲時折裂，但是現代化的製桶廠可無須烘烤，而是將木桶送入生產線上的高溫蒸氣隧道，同樣可以提高板材的含水量和溫度。這一點，說明了製桶廠的作業雖大同卻小異，但魔鬼都藏身在細節，怪不得我於參觀ISC時，導覽人員嚴禁在某些區域攝影拍照。

　　上述過程目的在彎曲板材，但可想而知的是，採用灑水烘烤或高溫蒸氣產生的木質變化一定不同，但無論如何，等橡木桶定型後，才進入真正的烘烤、燒烤作業。酒友們或有不知，橡木桶的烘烤或燒烤步驟是整個製桶作業中最重要的環節，其重要性，就如同咖啡烘焙時所必須講究的溫度與時間的變化關係——即所謂的升溫曲線，勢必影響咖啡的風味，橡木桶的烘烤也是。如此重要的一環卻從來不曾被拿出來單獨討論，只因為蘇格

蘭威士忌傳統上並不使用全新橡木桶（處女桶），後續的潤桶作業，無論是波本威士忌、雪莉酒或其他酒種，所添加的風味大大掩蓋了橡木桶的表現。但想像一下，假如直接在新酒中加入其他酒種，怎麼樣也不可能成為我們喜愛的威士忌。

◈ 烘烤橡木桶的變化

橡木的主要組成成份包括纖維素（cellulose）、半纖維素（hemicelluloses）和木質素（lignin）等高分子化合物，以及其他萃取物如低分子的橡木單寧（oak tannins）、橡木內酯（oak lactones）、揮發性的酚類和有機酸等，經加熱分解後，可能產生的反應如下：

* 纖維素：

  加熱到超過150°C以上開始焦化、熱裂解並釋出糖份，在熟陳過程中，會釋出部分糠醛（furfural）而形成甜味、焦糖以及烤烘的氣味。

* 半纖維素：

  受到超過140°C的高溫將裂解為糖，而在木桶內壁形成焦糖層，與威士忌作用後，可以產生焦糖、太妃糖等種種甜味，並且為酒體添上焦糖色澤和黏性。

* 木質素：

  加熱後將產生癒創木酚，類似烘焙咖啡香氣的油脂，也是木頭燃燒後煙燻香氣的來源，另外也會帶出香草、奶油、巧克力、煙燻或丁香辛辣等主要氣味。若繼續加熱到焦炭化時，上述化合物的含量將因揮發和炭化而下降，只提升煙燻味。

- 橡木單寧：

  燒烤後單寧含量減弱，並與威士忌產生柔化變化，有助於減弱年輕威士忌的硫化物，並穩定色澤。

- 橡木內酯：

  與威士忌作用後將釋出木質及椰子的風味，但燒烤程度越深，內酯的影響越小。

　　了解橡木物質加熱後的變化，製桶廠便可根據客戶需求，利用不同的升溫曲線來烘烤或燒烤橡木桶。傳統的製桶廠或許只能憑藉經驗，加大火苗來提高溫度，或是灑水降溫，但現代化的製桶廠如Vicard Cooperage，可利用電腦設定升溫速率和烘烤時間，對橡木物質進行不同程度和深度的烘烤。

利用灑水及烘烤方式彎曲木桶的製作過程

◈ 烘烤程度對風味影響和測試

不同的烘烤程度，橡木物質的風味轉變可能如下圖（圖表由法國Doreau Tonneliers製桶廠所製作）：

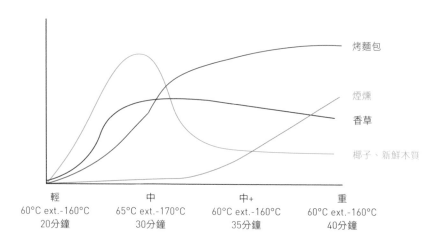

烤麵包

煙燻

香草

椰子、新鮮木質

輕	中	中+	重
60°C ext.-160°C	65°C ext.-170°C	60°C ext.-160°C	60°C ext.-160°C
20分鐘	30分鐘	35分鐘	40分鐘

為了瞭解風味上的變化，高岸酒廠要求製桶廠根據以下的烘烤方式，製作出由輕到深5種不同烘烤程度的橡木桶：

• 輕度烘烤：小火烘烤5～10分鐘，內層表面溫度約150°C，仍保持木質原色。

• 中度烘烤：中火烘烤20～30分鐘，內層表面溫度約200°C，呈杏仁牛奶糖的顏色。

• 中度烘烤＋：介於medium toasting和heavy toasting之間。

- 重度烘烤：中火烘烤35～45分鐘，結束前加大火力，內層表面溫度約225°C，木質呈現黑色，但並未著火。

- 炭化燒烤：大火5～10分鐘直到著火，燃燒約10秒再以水撲滅，木質呈現黑色且焦裂。

除了烘烤程度，當然還有許多影響熟成的變因，如橡木的來源、板材裁切的厚度、戶外風乾處理或是人工乾燥處理、橡木桶的容量、新酒入桶的酒精度和熟陳時間等，這些控制條件在高岸酒廠的實驗性裝瓶全部相同。這一套5瓶酒分別給予隨機編號，品飲者必須從香氣或口感中找出對應的烘烤程度，而為了讓品飲者有個比較基準，高岸也公布了3位廠內員工針對香草、焦糖甜、煙燻／藥水、辛香以及椰子／木質等風味的判別。

酒友們一定很好奇，在我講述的這一堂課中，到底有多少參加者能正確排出烘烤程度的序號？因為陳年時間不長，酒色差異不大，無法憑著觀察酒色來評斷，加上大家對於風味強度的認知，包括高岸酒廠公布的3位測試者都不盡相同，判斷難度極高。所以最後在30位參加者不斷比較、相互討論超過20分鐘後，結果全軍覆沒，最多僅答對五分之三，顯然就算是資深品飲者，若非久經訓練，也難以掌握過於細微的差異。

其實這套訓練教材已暗中排除另一個重要的因素：時間。新酒注入木桶只有兩年半，讓陳年效果僅限於需時較短的排除和賦予反應，減少需時較長的互動影響。不過壞心眼的高岸酒廠於2019年10月裝出了Advanced Master Class No 1.1版，將No 1的熟陳時間拉長到5年。我暗地裡嘀咕如果第一版都難以分辨，第二版應該更是困難（品牌大使Lars Karlsson告訴我其實非常簡單，因為經過5年之後，烘烤程度已經充分反映在酒色上）。

高岸酒廠的烘烤程度測試組

波本桶的橡木片可以看到浸潤深度

◈ 再探橡木桶

橡木桶學問多，在還未放入雪莉酒或波本酒之前，已經悄悄為未來的風味走向進行規劃。舉個例子，2008年底造訪日本山崎蒸餾所，有幸進入當時首席調酒師輿水精一先生的調酒室，他讓我們試到一桶實驗性酒款，使用的是酒廠從西班牙進口橡木後，自行製作的全新處女桶。新酒儲存於新桶不到3年，但酒色深沉，香氣與口感都泛出類似雪莉的蜜糖甜味，讓我們一席眾人大為驚訝，因為並沒有放入雪莉酒潤桶，怎麼會出現我們所熟悉的雪莉桶風味？莫非，過去認識的雪莉桶，其實與橡木桶的製作方式更為息息相關？

品「桶」會用酒

　　噶瑪蘭酒廠的重要推手Jim　Swan博士是我十分佩服的威士忌專家，2017年去世後，他的橡木桶製作工藝才逐漸廣為人知。相信許多酒友都喝過得獎無數的Vinho，這款酒對外宣稱葡萄酒桶，但並不完全是，因為還歷經一套STR（Shave－Toast－Rechar）程序，創造者便是Swan博士。艾雷島上的齊侯門於2019年5月釋出一款限量酒款，同樣也是Dr. Swan指導下所做的STR　Cask，另外還包括低地的Kingsbarn和威爾斯的潘迪恩（Penderyn）酒廠，相信將逐漸形成風氣，也增加木桶變身的可能性。

　　酒友們——包括我在內，心中不免疑惑，葡萄酒桶不就是為了葡萄酒潤桶帶來的特殊風味嗎？為什麼還需要經過STR處理？首先，這些酒桶歷經長時間運送，免不了因氧化而酸化或甚至孳生細菌，其中又以酒精度較低的葡萄酒桶最容易發生。這一層可能遭汙染的木質並不厚，僅約數公釐，刨除後板材仍有足夠厚度，不致破壞後續的陳年效果。其次，一般葡萄酒桶的烘烤程度原本就淺，表層刨除後，重新烘烤可以深入內層，針對

半纖維素、木質素進行更高程度的熱裂解，釋放出更多焦糖、奶油和煙燻等風味，達到活化橡木桶的效果。最後再以大火燒烤，可在內部形成一層炭化層，用以濾除不良風味。至於需要用多高的溫度和多少時間來烘烤？燒烤的炭化層又要侵入木桶多厚？都必須視木桶的現況，以及酒廠需要的風味而定，不過喝過Vinho的酒友們應該都對這款酒讚不絕口吧！

只是木桶對風味的影響到底是50%還是80%？這一點永遠不會有定論，即便採用科學儀器加以檢驗，由於風味化合物如此之多，各自在香氣、口感上的感官門檻又多不一樣，無法從儀器測量數字得到判斷基準。但我服膺格蘭傑比爾博士的說法，酒廠的新酒風格將隨陳年時間而下降，取而代之的是橡木桶風味，若以曲線表示，某個時間點將出現最適合裝瓶的甜蜜點。至於橡木桶風格或強或弱，這個甜蜜點將前後移動，如何決定裝瓶時間則是調酒師的重責大任。

下回酒友們品飲威士忌時，不妨跳脫基礎的雪莉桶、波本桶思維，仔細分辨酒廠風格與橡木桶之間的關係，是相互輔助，抑或彼此衝撞？

新酒風味隨橡木桶熟陳產生的變化

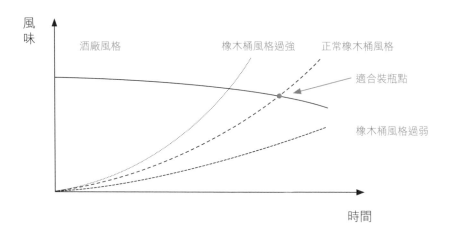

WHISKY
15

人人都愛雪莉桶

「為什麼所有掛上『台灣限定』的裝瓶，若不是雪莉桶，就是雪莉桶
過桶？」

「兩個原因：1. 酒色越深就越老，越老的酒當然就越好；2. 加冰塊或是
透水時，才不會掉色啊！」

確實，如果酒友們如我一般的敏感，一定會發現台灣人忒愛雪莉
桶，而且酒色得夠深夠沉，不深不淺的雪莉桶可能還會被質疑。我也愛
雪莉桶，只不過豐滿飽足的風味特色，並不適合台灣的酷暑盛夏，而且
站在威士忌愛好者的立場，假若市面流通的品項清一色都是雪莉桶，而
且還是酒色漆黑如醬油的初填雪莉桶，那麼該是多麼無趣的酒世界？但
我的質疑是犬吠火車，都是個人偏見，因為在商言商，如果酒色深邃的
雪莉桶好賣，酒商不會跟自己的荷包過不去。

在無人不愛雪莉桶的大前提下，我們就來談雪莉桶。許多酒友都有
相同的體認，或疑問：今日的雪莉桶似乎比不上昔日，但是過去與現在
的雪莉桶差別在哪裡？雪莉桶又對威士忌產業有何影響？在討論酒友關
心的雪莉桶課題之前，我們先回到源頭，稍微聊一下雪莉酒。

◈ 雪莉酒與雪莉桶

雪莉酒是一種受到國際「地理標示」（Geographical Indication,GI）

保護的名稱，必須產自西班牙Cadiz省的Jerez de la Frontera, Sanlúcar de Bar-rameda和El Puerto de Santa María之間的三角區域，主要由Palomino葡萄品種釀製，其他較少用的品種還包括Pedro Ximenez及Moscatel。製作時將採收的葡萄壓榨後再進行發酵，其酒精度約在11.5%左右，此時便可視酒體的輕盈或濃郁進行第一次分類，分別做生物熟成或氧化熟成。若酒體清淡適合作Fino，便將酒精度加烈到14.5～15.5%，而後靜待酒花（flor）出現，等6～8個月後，根據酒花的生長情況再進行第二次分類，而後才進入「索雷拉陳年系統」（Solera system）進行生物熟成。若葡萄酒汁較為濃郁，酒精度將提高到17%以上讓酒花無法生長，無須第二次分類而直接進入索雷拉系統作氧化熟成。

　　索雷拉系統是雪莉酒專有的熟成方式，新酒被裝入一系列3～9層堆疊的橡木桶中，定期將5～30%的上一層葡萄酒移到下一層，只有最下一層酒桶中的酒（稱為Solera）被裝瓶銷售；而根據法規，所有的雪莉酒都必須經過橡木桶熟陳2年以上才能裝瓶。一般而言，索雷拉系統使用的橡木桶是由美國白橡木所組成，必須花費超過10年才能養成，由於長期使用下存留著酒莊的環境和優勢菌種記憶，成為酒莊重要資產，除非裂損漏酒到無法修復，否則不可能丟棄，更不會輕易的售出。這些橡木桶使用數十年為常態，如El Maestro Sierra老酒莊使用的橡木桶更接近200年。

　　由於雪莉酒的製作過程必須加入蒸餾酒，因此隨蒸餾技術的發展和傳播，大約在第八世紀摩爾人占領西班牙的時期才誕生，等到十三世紀基督教文明驅離摩爾人，雪莉酒開始往歐洲地區輸送。蘇格蘭的愛丁堡早在1548年便記載了雪莉酒飲用文獻，但是得等到十八世紀才蔚為時尚。早期的雪莉酒是以木桶運輸到英國，酒清空之後，木桶可能拆解為木材，或是移作其他容器使用，當然也可能繼續儲放其他酒種，譬如威

士忌，不過僅限於雪莉酒的輸入港或大都市，如倫敦、利物浦、格拉斯哥或愛丁堡等。

　　這種運送雪莉酒的桶子稱為「運輸桶」（shipping cask或transport cask），與索雷拉系統系統使用的橡木桶大不相同，來源大多是使用便宜的歐洲橡木（相對於索雷拉系統使用的進口美國橡木）製作的年輕橡木桶，通常為釀製雪莉酒時，用來讓葡萄汁發酵的木桶（目前是在可控溫的不鏽鋼桶內發酵），經多次使用後移作運輸使用。這種木桶存放雪莉酒的時間不一，視運送時間及販售速率而定，可能從幾星期到幾個月。不過早年的威士忌並沒有熟成觀念，木桶純粹只是儲存和運輸的容器，尤其是山丘起伏、交通不便的蘇格蘭高地或偏遠的海島，不可能為了取得雪莉桶而千里迢迢的將空桶從都市、海港搬運回農莊使用，因此合理推測，早年的蘇格蘭威士忌與雪莉桶並無太大關係。

等待運出的索雷拉系統雪莉酒桶

◈ 潤桶的歷史和方法

到了十九世紀中，調和威士忌開始流行，烈酒商充分瞭解橡木桶熟陳的優點以及可能增加的價值，因此在大都市如愛丁堡建立倉庫，向酒廠購買酒桶後，自行在倉庫內進行熟陳，也儲備大量空桶，運送到酒廠填注新酒，橡木桶屬於調和商的資產之一。當雪莉桶的需求量大增，運送雪莉酒的木桶不足，調和商William Phaup Lowrie（同時也是西班牙González Byass雪莉酒的代理商）於二十世紀初開始從美國買回橡木材，由格拉斯哥的木桶廠製作全新橡木桶，而後再以雪莉酒進行潤桶，用來仿製雪莉運輸桶，可以說是開潤桶工藝先河的第一人。

蘇格蘭威士忌在第二次世界大戰後產業大爆發，為因應產量和庫存的暴增，橡木桶的需求量也急遽升高，幸好美國在1938年通過了「全新燒烤橡木桶」的法規，使用過的波本桶適時填補了需求。只不過在1960年代，雪莉酒開始採用不鏽鋼等較便宜的容器來運送，雪莉空桶數量逐漸減少，且西班牙雪莉酒產業為提升形象，於1981年立法通過雪莉酒必須在西班牙裝瓶後外運，再加上1983年起，歐盟的前身「歐洲經濟共同體」禁止葡萄酒以整桶方式運送出國，導致雪莉桶價格飛漲，威士忌產業擁有的雪莉桶數量也逐漸短缺。

到了1986年，西班牙嚴禁雪莉酒的整桶運輸方式，完全斬斷了過去主要的雪莉運輸桶來源。蘇格蘭蒸餾業者只得再度採用Lowrie的策略，直接在西班牙訂製新桶，再以Jerez產區的雪莉酒潤桶。也因此雪莉酒產業一分為二，除了裝出供消費者飲用的雪莉酒，另一條生產線專為威士忌產業服務，包括製桶廠和雪莉酒廠。不過，很悲慘的是，早期在西班牙約有五、六十個製桶廠，但隨著葡萄酒市場的逐漸沒落，製桶廠也慢慢消失，導致目前的製桶廠必須依附威士忌產業而生。

　　由威士忌酒廠主導的製桶方式，可以愛丁頓集團為例來說明。集團大約在1980年代後期開始，與製桶廠及雪莉酒廠簽訂契約，提供集團所需要的雪莉橡木桶。目前與愛丁頓簽約的製桶商包括Tevasa、Hudosa以及Vasyma等三家，其中Tevasa和Hudosa專門製作西班牙橡木桶，而Vasyma同時也製作美國白橡木桶。為穩定取得橡木，製桶廠必須與橡木森林的地主簽訂長年契約，而產地則包括西班牙北部山區及美國俄亥俄、肯塔基及密蘇里等州的林地。等橡木桶製作完成之後，或是由製桶廠自行取得雪莉酒，或是製桶廠同時也產製雪莉酒（如Jose Miguel Martin），又或者是將橡木桶送往雪莉酒廠，其最終目的，便是完成雪莉桶的最後一個步驟——潤桶。

　　「潤桶」（wine/spirit seasoning）使用的酒種可能是 wine（雪莉酒、葡萄酒、波特酒、馬德拉酒等），或者是spirit（波本酒、蘭姆酒等），其目的是把酒放入木桶一段時間後，橡木桶木質可以吸附約5～10公升的酒液，再與後續陳放的威士忌進行交互作用。潤桶時間各家酒廠不一，愛丁頓集團曾研究不同潤桶時間對橡木桶的影響，結果顯示18～24個月便能達到巔峰，噶瑪蘭需要的潤桶時間則長達5年，顯然各種材質、尺寸不同的橡木桶，所需潤桶時間也不同，酒廠要求的特色才是最終決定考慮。

　　這種潤桶方式其實和早期的運輸桶類似，但除了運輸桶曾使用多年，而現代潤桶是全新橡木桶之外，最大的差別在於，1980年代以前運送的雪莉酒與裝瓶販售的雪莉酒相同，但是今天潤桶使用的雪莉酒則是特地為威士忌產業製作，為了快速生產，熟陳時間可能僅為2年，也大多不使用索雷拉系統。便因為如此，這種雪莉酒不得裝瓶販售，但可調入新雪莉酒重複利用，每一批橡木桶完成潤桶之後，威士忌酒廠取走橡木桶，並不干涉雪莉酒的去化，當單寧累積過高，可能蒸餾成白蘭地，或釀成雪莉酒醋。

潤桶中的雪莉桶

高原騎士雪莉桶桶邊試飲

⊗ 雪莉桶的前世今生

　　前面提到，索雷拉系統裡的橡木桶，如果不是漏酒漏到無法修補，否則將持續使用，因此幾乎不外售，不過也有少數威士忌酒廠可透過私人關係取到。這種雪莉桶無法提供任何橡木木質與威士忌交互作用，使

用時也萃取不到香草、皮革、燒烤、單寧等風味，但因浸潤雪莉酒數十年，木質中飽含的雪莉酒——真正供飲用的雪莉酒——才是酒廠千方百計取得酒桶的主要目的。所以酒友們如果有機會喝到熟成於老雪莉桶的威士忌，不妨仔細分辨，並且和潤桶製作的雪莉桶比較，哪些風味屬於雪莉酒，而哪些風味又是來自橡木桶。

那麼，為什麼不僅台灣人愛，全世界各國的消費者都愛雪莉桶？除了來自雪莉酒的乾果、蜂蜜、堅果、黑巧克力和八角、肉桂種種風味之外，一個迎合消費心理學的重點是，雪莉桶可以在短時間內賦予威士忌深邃的酒色，尤其是初次填裝的雪莉桶，不需要熟陳太久，便能快速將透明的新酒渲染得既深又沉，與相對清淺的波本桶比較，外表更成熟、更有韻味，輕易攫取消費者關愛的眼神，也怪不得即便雪莉桶價格高過波本桶10倍，酒商依舊趨之若鶩。

至於文章開頭舉出的問題，雪莉桶的前世今生差別在哪？簡單歸納如下：

1. 今天威士忌產業使用的雪莉桶，並非西班牙雪莉酒產業使用的雪莉桶。

2. 雪莉酒主要靠生物及氧化熟成，不需要也不歡迎木質參與反應，因此索雷拉系統內的橡木桶早已失去活性；相對的，威士忌需要從橡木裡萃取出化合物，並且在長期熟成中與酒液互動反應。

3. 早年的雪莉運輸桶主要為歐洲橡木桶，前身通常為葡萄酒發酵桶，潤桶時間可能從數星期到數月不等，今日的雪莉桶可能為歐洲橡木或美國橡木，通常是全新製作，潤桶時間從數個月到數年都有。

4. 早年的雪莉運輸桶浸潤的是長時間熟成，作為飲用的雪莉酒；今日的雪莉桶浸潤的則是快速熟成，專為威士忌產業製作的雪莉酒。

◈ 現代的雪莉桶還能稱為雪莉桶嗎？

　　如同蘇格蘭威士忌、干邑、香檳、波本威士忌等酒種一樣，雪莉酒受到「地理標示」的保障，必須產於雪莉酒公會規範合格產區內的加烈葡萄酒才能稱為雪莉酒。但是如果潤桶使用的雪莉酒並非來自這些地區，那麼這種橡木桶還能稱為雪莉桶嗎？

　　這個問題確實引發許多討論，2014年格蘭花格裝出一桶Fino，但並未標榜雪莉桶，原因在於橡木桶來自法定雪莉酒產區之外的Huelva酒廠。由於爭議擴大，西班牙的Consejo Regulador自2015年起開始為潤桶使用的雪莉酒是否為「Jerez-Xérès-Sherry」或「Manzanilla-Sanlúcar de Barrameda」提供認證。雪莉酒公會也於2017年訂定「潤桶技術規範」，要求：(1)橡木桶的尺寸不得大於1,000公升；(2)注入木桶的雪莉酒必須超過木桶容量的85%，並且潤桶全程都必須超過容量的2/3；(3)提供雪莉酒的酒莊和葡萄園必須向Consejo Regulador註冊；　(4)雪莉酒必須使用經認證過的加烈酒將酒精濃度提高到15%；(5)雪莉酒填注入桶後，一直到潤桶完成前都不能將木桶移動到他處；(6)潤桶時間必須超過1年才能被稱為雪莉桶(Sherry Cask)，必須超過2年才能標明潤桶使用的雪莉酒種。

　　所以我們查看威士忌酒標時得非常小心，如果不是「Sherry Cask」，便知道潤桶使用的酒並不能稱為雪莉酒，而橡木桶當然也不能稱為雪莉桶了。

WHISKY
16

絕不添加焦糖著色

「各位，你們可能會感覺奇怪，為什麼這支陳年了20年的酒，顏色這麼的清清如水？原因很簡單，按照蘇格蘭威士忌的法規，酒在裝瓶時允許使用焦糖來加深酒的色澤，但是我們認為消費者有權利喝到酒的本質，所以我們讓酒保持自然的酒色，絕不添加焦糖著色……」

初入門的威士忌飲者一定聽過、看過，並時常在品酒會中被反覆提醒兩個名詞：「焦糖著色」與「冷凝過濾」。這兩個名詞是行銷利器，或是票房毒藥，端視做或不做的酒款而言。堅持不做的「正派」酒款，大剌剌的在酒標上清楚標示"Non-chill filtered"、"Natural color"或"No cara-mel added"，並大力宣揚為什麼他們反對；至於「反派」酒款，如同《哈利波特》裡的佛地魔一樣，因為不敢直呼其名，所以酒標上連提都不提，就算被問到也不願吭聲。

但酒友們不要搞擰了，品飲世界不是黑白兩道的仇恨廝殺，酒款當然沒有正邪之分，不過某些「非XXX不喝」的死硬派酒友確實視焦糖著色及冷凝過濾為仇寇，避之猶恐不及。所以我們必須先了解，為什麼有些酒廠會做，而某些酒廠不做？而做或不做的SWOT分析又是如何？

◇ 添加焦糖著色的簡史

許多消費者對威士忌品牌具有相當的忠誠度，他們對於習慣飲用的

品牌十分熟悉，包括外觀色澤，因此一旦發現酒色和以前購買的酒略有出入，就算銷售人員說破了嘴，他們依舊懷疑酒款是否更改配方，進而導致風味也不一致。但如同各位所熟知，威士忌因存放的橡木桶和倉儲環境不同，就算是相同酒齡，每批次調和後呈現的自然色澤不一定完全相同。在這種情形下，調酒師必須添加少許焦糖來調整色澤，保持每個批次酒色的一致性，以增加消費者的信賴。

調色絕對不是近幾年才開始，也不是幾十年，調色的歷史已經超過百年。話說在邁入二十世紀之前，蘇格蘭威士忌產業正處於第一次大爆發，許多不肖業者為求及早上市販售，不惜省略耗時費工的熟陳工序，在年輕的酒中加入焦糖及其他添味劑，用來偽裝陳年威士忌以欺騙消費者。1899年的「派替生危機」導致產業崩盤，而後是針對「何謂威士忌」長達十數年的大辯論，只不過辯論終結後，許多蒸餾業者雖然拒絕其他添加物，卻仍向法院陳情，提出繼續使用焦糖的必要性。所以到了1909年烈酒法重新修訂時，焦糖成為合法添加的著色劑。

二次世界大戰結束後，西班牙爆發內戰，雪莉桶嚴重短缺，恰好美國於1938年立法要求威士忌必須熟陳於全新燒烤橡木桶，蘇格蘭業者順理成章的以波本桶取代雪莉桶，但陳放出來的威士忌色澤較淺，成為焦糖大量使用的關鍵時期。到了1960年代，透明的玻璃瓶逐漸取代傳統的綠色或咖啡色酒瓶，導致威士忌的色澤一覽無遺，除了讓業者更注重酒色的一致性之外，同時也催化冷凝過濾的廣泛使用。不過在1988年所頒布的威士忌法規中，並沒有焦糖著色劑的相關說明，但1990年的Scotch Whisky Order已經允許使用「烈酒焦糖」（spirit caramel），至於E150a，得等到2009年的現行規範，才訂定與歐盟法規相同的標準，成為蘇格蘭威士忌唯一合法的添加物。

五色令人目盲——你喜歡哪一瓶？

酒標上不添加焦糖著色Natural Colour的標示

◈ 什麼是焦糖著色劑？

那麼目前業界廣泛使用的焦糖色素又是什麼？其實不僅僅是威士忌，我們日常生活中常見的食品，如麵包、巧克力、餅乾、蛋糕、甜甜圈、冰淇淋、可樂等等，那些勾引食慾的色澤多半來自著色劑。根據聯合國「糧食及農業組織／世界衛生組織聯合專家委員會」，焦糖著色劑可分為I～IV等4個等級，歐盟同樣分為4等，但分級方式略有不同，名稱則為E150a～E150d，我們熟悉的E150a適用於威士忌等烈酒。

E150a之所以適用於烈酒，主要著重於對酒精的耐受特性，就算高達75%的酒精，依舊能保持穩定不致變質。此外，大多數的焦糖在室溫下可保存2年左右，但必須避免陽光直射，否則可能幾個月或甚至幾個星期便褪色了，不過E150a最不容易褪色，因而保有著色的競爭力。

E150a的製作方法為「將碳水化合物經熱處理後的產品，可添加酸、

鹼或鹽以促進焦糖化」，但由於使用不同的碳水化合物和添加物，焦糖的化學結構十分複雜，即使是同屬於E150a也大不相同。不過以製作方式而言，主要都是經由加熱讓碳水化合物喪失水份，就如同我們把砂糖放在鍋中慢火加熱時，將逐漸產生梅納反應而形成濃稠的焦褐色物質，並出現類似烤堅果的味道。所以，讓我們想像，將這種物質添加入威士忌，難道我們的感官無法察覺嗎？

◈ 添加焦糖的試驗和結果

　　口說無憑，讓我引述一篇由荷蘭「麥芽狂人」Michel van Meersbergen，於2006年發表在Malt Madness網站上的實驗結果，但是在說明這個實驗之前，先簡單敘述大家耳熟能詳的「麥芽狂人」組織。

　　在網路和威士忌都不是那麼興盛的1995年，Malt Madness網站悄悄成立，逐漸匯聚全球愛酒人士的關注。2年後，「麥芽狂人」組織成形，但一開始也只是網站上的小眾討論，等法國佬瑟佶大叔在2001加入後，組織的人數來到12位，涵蓋了澳洲、美國、加拿大、以色列、德國、印度、英國等等。

　　雖然12人的「圓桌武士」很具有象徵意義，不過組織仍持續擴大，我們熟悉的幾位威士忌名人陸續於接下來的1、2年間加入，如姚和成（K大）於2004年加入，查爾斯·麥克林、戴夫·布魯姆和Martine Nouet則分別在2005年加入。到了2011年，狂人組織人數來到34人，分布在英國、加拿大、澳洲、美國、法國、德國、以色列、荷蘭、義大利、瑞典、希臘、南非、比利時、瑞士、印度、新加坡和台灣等幾個威士忌消費大國。

焦糖調色實驗

對於這群威士忌的研究先驅，焦糖著色不影響風味的說法，等同是樹立在眼前招搖的大纛，又如同傳說中的聖盃，屬於不可避免、非得正面交鋒的聖戰。參與這場實驗的狂人共計6位，其中最為酒友們熟知的莫過於瑟佰大叔和查爾斯‧麥克林，另外3位則是德國的Klaus和Thomas，以及荷蘭的Alexander。為了取得最嚴謹的實驗結果，使用的材料及方法如下：

1. E-150a焦糖：由帝亞吉歐公司提供，屬於業界標準。

2. 試驗用酒：

　（1）純水

　（2）低地的Rosebank 1990／2003 （46%, Helen Arthur, cask #486）

（3）高地的Clynelish 13yo 1990／2004 （43%, Van Wees'Ultimate', cask #12733）

（4）坎貝爾鎮的Springbank 10yo 1993／2004 （50%, DL OMC, cask #628）

（5）艾雷島的Bowmore 11yo 1992／2003 （46%, SigV UC, cask #4229）

（6）將上述4款酒混合的調和威士忌。

　為了減少風味影響，以上酒款都選用refill cask，而且都不是桶裝強度。

3. 試驗方法：

（1）每一種酒（水）分別以不加入、加入1滴和加入4滴E150-a的方式，製作出無添加、中度和重度焦糖著色的酒液，並以亂數排列3杯酒。

（2）每位受試者以矇眼方式，分別就嗅覺和味覺來判斷3杯酒的添加焦糖程度，為了減少因隨意猜測產生的試驗誤差，每一回的測試都重覆5遍，每一遍的排列順序可能為1～3或是3～1。

（3）假如答案的排列順序完全正確，給3分，假如只有1個正確，給1分。5輪下來，個人最高分為30分（嗅覺15分＋味覺15分），5位狂人的總分為150分。

（4）隨意猜測的機率分數為8.33分（嗅覺4.167分＋味覺4.167分），5位狂人的總隨機分數為41.65分。

4. 結果：

（1）純水加入焦糖之後，無論在香氣或口感上都會出現刺激的苦感，很容易分辨，比較困難的是加入量的多寡，狂人的總得分為119/150，大勝隨機值41.67/150。

（2）清雅的Rosebank加入焦糖居然難以辨別，眾人的總分和隨機亂猜的結果差不多（43/150），瑟估大叔甚至分數掛蛋。問題在於，焦糖的刺激感依舊在，但多或寡幾乎都搞錯，以致分數大降。

（3）比起Rosebank，Clynelish顯然和焦糖較不對味，兩者之間的衝突感相當清楚，所以狂人們的成績也比較好（78/150），不過也沒好太多，因為同樣難以分辨加入量。

（4）Springbank的輕泥煤海風味掩蓋了焦糖的刺激苦味，所以平均表現也不是太好（72/150）。

（5）Bowmore著名且獨特的煙燻泥煤風味，搞混了狂人們的感官，導致分數再度下滑（56/150），只略高於隨機值。

（6）最後的調和是查爾斯的建議，因為某些調酒師告訴他焦糖是調和威士忌重要的媒介，可以讓不同風味的原酒產生更好的連結。而結果，幾乎所有的狂人都同意，加入焦糖之後的風味表現比不加還要好。

那麼，結論是？查爾斯說得好，這項實驗盡管有點讓人感到屈辱，但還是大開眼界，焦糖的影響可以察覺，但是好是壞卻很難說。瑟估大叔的結論也差不多，他認為焦糖確實重新打造了酒的結構，足以讓較平凡的酒體更加豐腴圓潤。而作者Michel則做了總結：請調酒師持續使用焦糖無妨，但稍微少用一些，謹防手滑。

⊗ 消費者能分辨得出來嗎？

延伸Michel的結論，我們來看看業者怎麼做。一般威士忌於添加焦糖前，先加水將酒精度調降到裝瓶度數，而後再根據勾兌調和後的自然色澤，以及目標色澤來決定焦糖的添加量。添加前，先在不鏽鋼桶內加入水或威士忌，而後放入焦糖，調和均勻後再倒入威士忌的調和桶中。焦糖的添加量不多，約0.01%～0.5%，但由於一旦倒入調和桶，假若色澤過深，便毫無挽回餘地，因此通常先將90%的預估量倒入調和桶，然後測量威士忌的色度，再緩慢調整及量測，一直到預期的色度為止。

當然，一篇10多年前的實驗文章不可能解答、澄清全世界所有酒友的疑慮，而且上述實驗存在極大盲點，5位受測者都是久經威士忌品飲訓練的專精人士，都不是一般消費者，受測前也都知道2/3的試驗樣品添加了焦糖，他們的任務只是辨識出加了焦糖的樣品，以及添加量的多寡，這與消費者面臨的情況完全不同。當消費者從酒專買酒，酒標上看不到有無添加焦糖的說明，而如果狂人都認為焦糖有助於融和不同酒桶的細微差異，那麼消費者如何分辨有無添加焦糖？而有無添加焦糖真的重要嗎？

我於某些威士忌酒款確實可以明顯感受到人工焦糖的刺激味，某些則無，除了添加量的差別外，來自橡木桶的天然焦糖風味也會造成混淆，另外雪莉桶的甜味同樣增添許多變數。但謹記，焦糖著色劑的目的只是為了調整色澤，如果影響風味，其實已經違反「保留原料、製作以及熟陳的香氣和口感」這項基本規定，而實際上，焦糖一旦添加過多，不但不甜，反而帶出一些刺激的苦味和澀感。

　　不過如果感官不夠敏銳，無法分辨是否添加焦糖，消費者該如何滿足知的權利？蘇格蘭法規並未規定酒標上必須標示是否添加焦糖，但為了因應威士忌饕客的需求，凡未添加焦糖且屬於近幾年的裝瓶，大抵都會在酒標上註明"Natural colour"等字樣，反之亦然，所以只要是找不到這個特殊記載的酒，或許可以大膽認定有添加焦糖（但我檢查了以單桶裝瓶的酒，因為消費者的信任，全都未多此一舉的標註）。

WHISKY
17

冷凝過濾把風味都濾除了？

「各位喜愛威士忌的朋友們，你們應該已經注意到，我們的酒全都是非冷凝過濾，因為我們認為威士忌在經過十幾二十年漫長的等待後，應該以最自然的方式呈現給消費者，就如同在酒窖裡直接從橡木桶中取酒試飲一樣……」

　　酒友們參加品酒會時，一定聽過行銷或大使介紹「這支酒非冷凝過濾」或是「我們的酒全部都是非冷凝過濾」，耳濡目染下，平常選購威士忌時免不了多注意酒標一眼，仔細查看是否標示著"Non-Chill Filtered（NCF）"，彷彿這幾個字便代表著酒款「原汁原味」的誠意。當然並不是每一款酒都找得到類似的標示，難免讓消費者納悶，是否非冷凝過濾就比較高級？而冷凝過濾（Chill Filtered, CF）時又濾掉了什麼？

　　但無論酒友們能否分辨其間差異，今天的「非冷凝過濾」已經成為某種行銷利器，也是某些「非XXX不喝」的饕客追逐的目標。但如同焦糖著色，假若感官不夠敏銳（或再銳利也無用），無法分辨是否做了冷凝過濾，又該從何得知？與「焦糖著色」相同，由於蘇格蘭法規並未規定酒標須標示冷凝過濾與否，假如找不到"Non-Chill Filtered"，一個最簡單的方法是參考酒精度，酒精度超過46%，通常不需要冷凝過濾，若小於46%，若非特別註明，則可視為冷凝過濾。

◈ 什麼是冷凝過濾？

　　不過我們普遍對冷凝過濾充滿誤解。首先，「冷凝過濾」與「過濾」其實是兩件事。所有的威士忌在裝瓶前都會進行過濾，但不一定會先降溫，且過濾的粗細有別，如黑蛇裝瓶廠（Blackadder）的Raw Cask系列進行的便是最粗的過濾，因此瓶中常見木炭碎屑，甚至還有少數纖維物質，很顯然這種過濾方式絕對不是「冷凝過濾」。此外，格蘭花格的第五代掌門人John Grant在一段影音視頻中告訴觀眾，蘇格蘭的冬天氣溫時常降至冰點左右，將酒桶從酒窖運送到裝瓶室進行調和過濾時，通常須要的是升溫而不是降溫。為了不讓酒款因裝瓶季節發生批次差異，酒廠的標準做法是在4℃進行過濾，所以在夏天時可以算冷凝過濾，但冬天時該怎麼說？

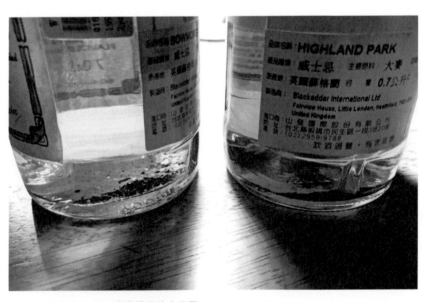

Blackadder的Raw Cask瓶內殘留的木炭屑

類似Raw Cask的粗過濾方式只是將雜質去除，屬於物理方式，不致影響酒中的化學組成。但冷凝過濾不同，當酒液的溫度降低後，原本溶解於酒精中的脂質和酯類物質將凝結成微小的膠結物，造成酒液混濁，把這些膠結物質濾除後，酒液恢復澄清，可避免消費者加冰塊飲用時引發不必要的質疑。但除了溫度的影響之外，如果加水將酒精度降低，部分只溶於酒精、不溶於水的物質膠結析出，同樣也會造成混濁，這便是裝瓶酒精度成為冷凝過濾指標參數的原因。

為了證明溫度和酒精度導致的混濁效應，請酒友們隨便找出一瓶「非冷凝過濾」的威士忌，在家中進行簡單的試驗：

實驗1：

將威士忌倒入杯中，加入2倍的水量，看看威士忌是不是會很快的變為混濁。

實驗2：

將一整瓶威士忌放入冰箱冷藏庫，一段時間後取出，看看瓶子裡的酒液是否變得混濁。如果是，讓酒慢慢恢復到室溫，觀察酒液裡的混濁物是否消失。

◈ 哪些化合物被過濾了？

什麼物質會造成混濁？威士忌從原料、發酵、蒸餾到桶陳等各階段，化合物質（專有名詞稱為「同屬物」）的種類和數量都會增加或減少，但最終裝瓶的酒液中仍超過100種，各自表現出不同的香氣與口感。在這麼多種的同屬物中，讓酒液呈現混濁的物質主要為乙醇與脂肪酸反

應後形成的長鏈酯類（如月桂酸乙酯、棕櫚酸異辛酯、亞麻酸乙酯等分子量大的酯類），以及稱為脂質（lipid）的油脂類。由於酒精（乙醇）是一種非常良好的溶劑，當酒精度高於一定值，可以讓不溶於水的酯類和脂質安定的存在於酒液中，可是當酒精度降低到約46%的時候，或是當溫度降低導致溶解度下滑時，便會開始凝結成懸浮物質，專業術語稱為「膠束」或「微胞」（micelle），成為冷凝過濾去除的目標。

從以上不是很友善的化學名詞敘述中，可以得知長鏈酯類及脂質是造成酒液混濁的元兇，但是不是所有酒款中這類化合物的含量都相同？當然不是，而且這些酯類、脂質的種類也不盡相同，進而其親水性、疏水性（凝聚能力）也不相同，所以千萬不要鐵口直斷所有低於46%（或43%）的酒都一定做過冷凝過濾。市面上依舊可以找到少數非冷凝過濾，但酒精度為43%的裝瓶，如亞伯樂12年、班瑞克10年及16年等，甚至威海指南（Compass Box）曾裝出40%的ASYLA。酒友們如果曾懷疑這幾支酒款的酒標，可以從以上的說明獲得解答。

同樣的，我們可以在家中進行簡單的試驗，來測試46%的門檻是否為真：

● 實驗3：

在酒杯中倒入一定容量、高酒精度且未冷凝過濾的酒，譬如100 ml、60%的格蘭花格105，每次添加少量的水，等候一段時間後，若沒有出現微小的膠狀物凝結則繼續加水，直到酒液開始出現混濁為止。統計加入的水量，便可以計算導致酒液混濁的酒精度。

冷凝實驗結果右邊杯中出現漂浮物

非冷凝過濾實驗

稀釋到40度之後出現微混濁

◈ 從十四世紀俄羅斯農民急凍新酒開始……

　　冷凝過濾的歷史可以上推到十四世紀後期，當俄羅斯農民蒸餾出伏特加後，立即將新酒以冰塊急凍，讓油脂類物質凝結漂浮在蒸餾酒頂端，再濾除拋棄。到了十七世紀，這種工序已經十分普遍，通常使用毛氈、棉布或是紙、沙、木炭等等來進行過濾，最早的活性炭文獻紀錄來自1785年的聖彼得堡。到了十九世紀初，美國和加拿大廣泛應用木炭過濾技術，今天著名的「林肯郡製程」便是在1825年由Alfred Eaton發明。

　　這種種過濾方式當然和目前大不相同，以蘇格蘭威士忌業界而言，常用的過濾設備為一層層併排的纖維板，先將酒液溫度降低到0～4℃或更低，再以一定的壓力將酒液壓送通過濾板。各酒廠過濾的方式不盡相同，影響過濾效果的因素包括：

1. 先加水稀釋再進行冷凝過濾，或是先過濾後再加水稀釋，前者可濾去大部分的酯類及脂質，但處理量較大，後者的處理量相對較少，但過濾效果可能較差。

2. 冷凝的溫度和冷凝時間，溫度越低、時間越長，濾除的物質越多。

3. 濾板的材質（孔目大小）和數量，必須與過濾壓力相互配合，孔目越細、數量越多，則可濾去越多物質，但所需的壓力也越大。

◈ 冷凝過濾會不會影響風味？

　　有了以上的認知，接下來將進入真正的深水區：到底冷凝過濾會不會影響風味？在涉入之前，我們先做一個試驗：

　　實驗4：

　　將實驗2中仍處於冷凍狀態的威士忌，開瓶後利用濾紙來過濾（小心選用無雜味的濾紙），再將過濾後的酒封存在樣品瓶內以防止氧化，等未過濾的酒和樣品瓶內的酒都恢復到室溫時，兩者可以比較看看到底有沒有風味差異。

　　從消費者的心理觀之，無論從酒中拿走多少物質，都不再是本來面貌，絕對會喪失部分風味，這也是所有非冷凝過濾酒廠夸夸而談的重點（不怕化學名詞的酒友，可以參考本篇「延伸閱讀」）。不過假若我們根本不知道，能夠倚靠感官去察覺這些減少的微量化合物嗎？

　　我曾於《威士忌學》書中引述了一位德國工程師Horst Lüning於2014年所進行的大規模實驗，詳細的實驗步驟和結果都可以在網路[1]上找到，有興趣的酒友請自行參考。綜整其結論，就算是認真的品飲者，對於「是否為冷凝過濾」的盲測答對率接近50：50，幾乎與擲銅板一樣。

　　不過我必須指出，由於市面上不可能找得到2種分別做冷凝過濾與非冷凝過濾的產品，所以Horst Lüning只得自行加工，無論過濾材質、過濾壓力等條件都與商用設備完全不同。就因為這個實驗缺陷，我一直希望能從酒廠取得冷凝過濾前後的樣品來進行盲測，看看一般消費者的感官是否能分辨出其中差別。只不過曾經接洽的酒廠在進行冷凝過濾前已經先加水稀釋，所以他們對於我的要求十分疑惑，因為既然已經加水，如果不進行冷凝過濾的話，豈不從外觀就可輕易分辨得出來？

　　幸好，我的微小願望，在2018年中實現了。

---

1. 參考網站：https://www.whisky.com/information/knowledge/science/study-on-the-chill-filtration-of-scotch-single-malt-whiskies.html

◈ 親身參與的冷凝過濾實驗

在一場為「台灣單一麥芽威士忌品酒研究社」舉辦的品酒會裡，參與試驗的受測者有20來位。主辦人從南投酒廠取得分別在波本桶與雪莉桶中熟陳後，再於常溫、5℃以及-4℃下進行過濾的樣品共計6組。

理論上，冷凝過濾會將凝結成團絮狀的長鏈酯類、脂質分子濾除，所以樣品的香氣將減少一些，而入口的酒體也將輕薄一些。我於實際聞香及品飲後發現，無論是波本桶或雪莉桶都出現雖微小但仍可分辨的差異，但如何將這差異納入「理論」就相當折磨人。討論時受測者各抒己見而莫衷一是，答案揭曉時則哀鴻遍野——完全答對的在波本桶組只有1人，雪莉桶組則為2人，而我呢？雖然排列順序都答錯，但僥倖的各答對其一，顯然想把「理論」納入實證力有未逮。

檢討起來，我們對於冷凝過濾的表現方式所知太少了，也就是說，這些微小的差異究竟該導引到哪個方向，其實一無所知，只能憑藉自我的猜想來判斷，如果經驗值增加，或許有可能做出更精確的判斷。其次，判斷會出現錯亂可能是因為各有3個樣品的原因，如果減少到2個，譬如只有常溫和-4℃過濾，或許答對率應該會大大增加。

冷凝過濾實驗的結論是，在非常認真、細心的追究下，風味上的差異依舊可以分辨得出來。不過這個結論和上一篇「焦糖著色」實驗同樣有著共通且根本的問題，也就是受測者都已經知道樣品做了冷凝過濾，換作是一般在市面上販售的酒款，假如酒標上缺乏相關訊息，消費者毫無基準可做判斷。

　　最後，南投酒廠告訴我，他們的酒行銷到寒帶國家時，還是得做冷凝過濾，因為，請各位酒友想像一下，假如擺放在架上的酒一片混濁，還可能賣得出去嗎？

——————————— ◇ 延伸閱讀 ◇ ———————————

可能被濾除的化合物

（摘自布萊迪官網）

　　引起酒混濁的主要成分是月桂酸乙酯、棕櫚酸乙酯和棕櫚油酸乙酯，這三種酯類是乙醇與不同的脂肪酸反應形成，可溶於酒精，但不溶於水。這就是為什麼布萊迪以46%的較高強度裝瓶的原因，由於這種不溶性，任何較低的強度都會導致混濁。此外，乙酯在水中的不溶性會隨著分子鏈長度的增加而增加，至於較短的酯類，如己酮乙酯、己酸乙酯、辛酸乙酯，則不會在威士忌中引起混濁問題。

　　溶解度還取決於溫度。當具有相對較高濃度酯類的酒在低溫或溫度波動時，將出現混濁現象，可以利用冷凝過濾的方式來減少。儘管某些酯類對威士忌風味的影響較小，但冷凝過濾仍將去除更多的風味關鍵物質和脂肪酸，而這些脂肪酸帶來豐富的口感並有助於維持他種風味。

　　威士忌中存在22種揮發性脂肪酸，這些成分構成了威士忌的各種香氣，其中乙酸占最多數（95%），其餘21種則較為辛辣刺鼻，包括第二大類的癸酸，以及辛酸、棕櫚油酸和最主要的芳香族丁酸。在熟陳過程中，脂肪酸的含量至少增加3倍，可達0.32g/L，同時還可讓其他香氣更加持久、悠長，並賦予黏稠、豐富的口感。採用冷凝過濾去除脂肪酸時，通常也會不經意地把這些風味去除。

　　醛類是高反應性、高揮發性的芳香物質，發酵過程中產生的醛類具有刺激性，但在蒸餾過程中將減少了一半，約80mg/L，主要存在於酒

頭，如果蒸餾未能正確操作或發酵後的濃度已高，則新酒中的醛類物質濃度也可能比較高。儘管在熟陳過程中醛類濃度可能因氧化反應而提高，但在這些反應中約20%會轉化成縮醛，從而柔化其刺激氣味。乙醛是最主要的醛類，來自氧化後的乙醇，威士忌中的大多數的醇類氧化後將轉化為醛類，進一步氧化產生酸類（通常為脂肪酸），例如乙醛轉化為乙酸。酸類與醇類反應將生成酯類。除了乙醛，其他醛類還包括香蘭素、乙醇木質素、丁香醛、松柏醛、芥子醛和糠醛，其中糠醛是麥芽香氣的來源，與空氣和水反應可生成繁複的香氣，但冷凝過濾後通常會被濾除。

　　雜醇是比乙醇分子量更高的脂肪族醇，由酵母代謝含氮化合物生成，擁有獨特複雜的風味，但過量的話會產生令人不喜的氣味，必須在橡木桶中經長時間熟陳才能圓融柔化。雜醇的組成成分複雜，包括高級醇如戊醇、丙醇和丁醇，以及酯、脂肪酸和一些來自蒸餾形成的醛類。所有雜醇的總量決定了香氣的強度，由於其高分子量和分子結構，具有油脂的特性，也因此在冷凝過濾時將被濾除。

WHISKY
18

老饕的選擇：單桶威士忌

「這是我們調酒師精挑細選、酒質至臻完美的威士忌，每一桶都擁有獨一無二的風格與特色，而且全世界僅有227瓶。當您啜飲如此珍貴的單桶威士忌時，猶如置身酒窖品嚐直接從橡木桶抽取出來的酒液，其幸福感，絕非一般單一麥芽威士忌所能企及……」

　　「單一麥芽威士忌」雖然忠實的將Single Malt Whisky翻譯成中文，但無論是原文或譯名都容易造成混淆，對於法規定義毫無概念的消費者，望文生義的可能誤以為是使用「單一品種的麥芽」所製作的威士忌。這種誤解，就算威士忌風潮席捲十多年，品牌行銷仍得花費相當唇舌去解釋，而一旦解釋，還得用更大力氣去說明什麼是「單一麥芽威士忌」，什麼又是「調和式威士忌」。

　　不過，我還是不厭其煩的重複說一次，「單一」指的是酒廠，和麥芽品種毫無關係，只要在同一間酒廠生產的麥芽威士忌，便可以稱為「單一麥芽威士忌」。另外也請酒友們務必了解，全世界眾多威士忌生產國中，唯有英國及愛爾蘭訂定出這個相對狹隘的規範，即便是法規多如牛毛的美國，雖然也出現微弱的聲音納入「單一」的定義，卻因為與既得利益衝突，到目前為止仍未獲通過。

　　儘管如此，只要符合英國及愛爾蘭的法規，全世界的酒廠都可以製作單一麥芽威士忌。只是仍有一點容易造成誤解，所謂「單一麥芽威士

忌」幾乎都不是從橡木桶裡倒出來後直接裝瓶，而是需要調和。酒友們只要想想看，全球最暢銷的格蘭菲迪每一批可裝出十數萬瓶，便知道需要調和多少桶的酒了。

◈ 什麼是單桶？限量的魔力

因為如此，無須調和的特殊品項「單桶威士忌」（single cask）出現了。顧名思義，瓶中酒液全都來自同一個橡木桶，可能完全不加水稀釋，但也可能稀釋到某個酒精強度裝瓶，而為了身分認證，一般都會在酒標上標註桶號。這種裝瓶方式僅此一桶、別無分號，所以當然是限量，又由於桶與桶之間存在差異，所以對於求新鮮的威士忌愛好者有著莫名的吸引力，一躍成為當代威士忌顯學，多少報章雜誌電子媒體紛紛將「老饕」與「單桶威士忌」劃上等號，似乎不喝單桶就不配稱為威士忌愛好者。

確實，在某些酒友的眼裡，單桶威士忌的魅力高於單一麥芽威士忌，更遠遠超過調和式威士忌，這種歧視鏈不僅僅存在於所謂「老饕」，流風所及，可能還影響到初入門者。不過酒質的好或不好本來就屬於個人感官判斷，不可能一言以蔽之，但若拿銷售量作為客觀依據，那麼調和式威士忌的受歡迎程度絕非單一麥芽威士忌可比，單桶威士忌更是瞠乎其後。根據「蘇格蘭威士忌協會SWA」發布的新聞稿，2018年調和式威士忌的出口總額為30.4億英鎊，單一麥芽威士忌雖然大幅成長11.3%，不過13億英鎊的總額仍不到調和式的一半。由於單一麥芽威士忌的平均售價遠高於調和式威士忌，因此若從出口量來講，單一麥芽威士忌僅占約1成。

◇ 從調和到單一麥芽威士忌──別再說純麥了！

　　調和的歷史源遠流長。在1830年連續式蒸餾器發明以前，威士忌的原料混雜不一，製作方式也無標準，因此難以掌握產品品質。當一桶一桶的在雜貨鋪、酒肆販售時，為了吸引消費者繼續光顧，必須維持產品的品質穩定，調和技術便開始出現了。連續性蒸餾器可說是影響威士忌產業最重要的發明，因為它可以將酒精度提高到94、95%，雖然濾去大部分風味而較為清淡，但卻適合與風味厚重的麥芽威士忌調和，不僅大幅降低威士忌的成本，也達到穩定品質的目的。

　　不過以連續式蒸餾器製作出來的穀物威士忌，在傳統麥芽威士忌業者眼中根本不入流，調和方法也無法規可循，這些都阻礙了調和的風行，必須等到1860年《烈酒法》通過之後，稅務機關允許麥芽和穀物威士忌進行調和，同時也訂定了調和產品的稅則，讓調和威士忌開始大行其道。到了十九世紀的後期，調和商們為了掌握原酒來源，除了將自己的木桶送到酒廠裝酒後，再放在自己的倉庫內熟陳，甚至要求酒廠依據自己的需求來製酒。舉個有趣的例子，在威士忌大爆發的1893年，John Walker & Sons公司的Alec Walker便駐紮在卡度酒廠旁（當時叫做Cardow），持續記錄酒廠的生產報告提送給公司，並指導酒廠製作出他們希望的風味。也就是說，在調和盛行的年代，由於酒廠並未直接面對消費者，調和商成為酒廠風格的主要領導者。

　　從1853年最早的調和威士忌Old Vatted Glenlivet（OGV）再到1980年代，調和威士忌獨領風騷超過百年，今日我們熟悉的酒業集團幾乎都是從調和起家。事實上，在1980年代以前，幾乎所有的品項都是調和，僅有少數裝瓶商或酒廠推出符合今日單一麥芽威士忌定義的裝瓶，如格蘭父子曾在1902年裝出少量的格蘭菲迪，格蘭利威在1930年代也曾進軍美

國，泰斯卡甚至在1954年便裝出了10年酒，但品項十分稀少。根據1978年的統計，單一麥芽所占的比例不到1%，以致Decanter Magazine所出版的Harrod's Book of Whiskies第四期寫道：「在1981年所謂的威士忌便是調和式威士忌，100瓶中只有1瓶是單一麥芽，而120間酒廠中只有一半裝過單一麥芽，且其中多半裝瓶量都少到無法引起注意」。但是當威士忌產業在1970末遭逢大崩盤，調和商開始採取緊縮採購政策，酒廠生產的酒乏人問津，若不想關門大吉，就必須自行推出裝瓶，市場上因而出現越來越多以酒廠為名的酒款，到了1990年代則勢不可擋。

這一段單一麥芽威士忌躍升為當代顯學的發跡史，無非在說明今日我們習以為常的酒款，其實歷經長時間的發展，而且也不是一帆風順，名稱更是雜亂，一直到2009年現行規範訂定後，「單一麥芽威士忌」的名稱才真正確定下來，而且禁止使用過去酒廠為了展現其純所使用的「純麥」（pure malt）威士忌（是的，請酒友們不要再用「純麥」兩個字了！）。但是正如我不厭其煩解釋又解釋的，酒廠裝出的單一麥芽威士忌動輒數萬瓶，需要調酒師妙手調和數百到上千個橡木桶，和單桶威士忌是兩回事。

◇ 單桶威士忌的風行

所以回到單桶威士忌。所有的行家、老饕都會告訴你，就算是相同批次的新酒、放入相同類型的橡木桶、存放於同一個酒窖的相鄰兩側、並且於同樣時間裝瓶，但由於橡木桶本身的微小差異，仍將造就獨一無二的風味，也因此全世界絕對不可能存在兩個風味完全一樣的橡木桶。姑且不論我們的感官是否有能力去分辨這些微小的差異，單純從物理化學來講，這些微小差異讓每一個單桶都無法複製，所以理所當然的擁有

致命吸引力，成為喝盡天下美酒的愛酒人士致力追尋的目標。

　　單桶威士忌新不新鮮？今天的我們已經不感覺新鮮，不過對於調和式威士忌盛行的上一代則非常新鮮。我無從探究單桶出現的年代，但可以推測早年的單桶只是酒廠為特殊場合、節慶或人士所做的少量裝瓶，如2018年4度打破拍賣紀錄的麥卡倫1926年手繪標，於桶號263的雪莉桶中陳放了60年，1986年裝出時僅有40瓶，主要是以特定收藏家為銷售對象。

　　今日的單桶威士忌最常在裝瓶商的酒單中出現，也就是所謂的IB，酒廠的OB裝瓶則非常少見。主要原因在於，酒廠必須經常性的裝出核心產品，如12年、18年、25年或30年等等，才能保持消費者的黏度和忠誠度。核心款的製作、銷售模式固定，數量龐大可行銷全世界，每年的獲利也可預期，成為維持酒廠營運最重要的產品。至於偶一為之的單桶，因為數量頂多5、600瓶，放在任何一個市場都可能過少，必須考量不同的行銷模式，費心費力下還經常發生如國內經銷商、酒專時常抱怨熱門單桶分配不均的情形，因此誘因不大。另外一個原因是，單桶威士忌的風味獨立於核心酒款，雖然對趨之若鶩者而言可說求之不得，但站在酒廠行銷的立場，卻又成為不得不解釋的難題。

　　相對於OB酒款，裝瓶商本來就沒有太多歷史、風味包袱，手中的橡木桶或來自酒廠，或購自中間商，又或者是互相交換，種類紛雜但總量有限。若是如BBR、Douglas Laing或Gordon & MacPhail等百年老店，由於與酒廠、中間商擁有長遠的交情，可確實掌握橡木桶來源，因此能推出調和品項；但一般中小型裝瓶商，能用於調和的材料不豐，多以單桶方式銷售。這種銷售模式對裝瓶商其實有利，因為無須生產，成本控制在倉儲、裝瓶和運銷，有多少桶便賣多少桶，所得利潤可用於購買更多的桶子。

◈ 你喝的單桶真的是單桶？

　　台灣的威士忌市場非常成熟也非常敏銳，敢於大力擁抱各種新穎酒款，單桶便是近年來最熱門的品項。君不見以社團、酒專、酒吧或個人名義裝出的單桶——也就是俗稱的「包桶」——在酒肆大行其道，讓單桶威士忌成為威士忌老饕的代名詞。回首追憶「台灣單一麥芽威士忌品酒研究社」於2005年開始以社團名義裝出單桶時，想取得酒廠或裝瓶商的樣品可謂難之又難，每年都得動用人情、費盡千辛萬苦才能挑得一桶滿意的酒。今日包桶風氣大盛，各式各樣的樣品四處轉手流通，偶而酒廠、裝瓶商還會舉辦標售會，讓市面上充滿數不清的單桶，除了叫人眼花撩亂，更幾乎掩蓋過單一麥芽威士忌的風采，遑論調和式威士忌。

　　只不過身處選擇性過多的各位酒友，若能暫停奔忙追逐的腳步，或許能靜心思考有關單桶、單一麥芽以及調和式威士忌的種種，譬如，所謂的單桶真的是單桶嗎？

　　此話怎講？不是單桶的酒標上都述明了桶號嗎？但我們必須瞭解，英國威士忌法規只規定了5大類型的威士忌，並未包括單桶，所以Single Cask或台灣自創的Single Single Cask（單一桶單一麥）都缺乏法規保障。就是因為沒有Single Cask的定義，當然也沒有標示要求，因此「桶號」完全由酒廠或裝瓶商按自我的管理規則來訂定。

　　酒友們不妨思考，我們普遍認知的單桶，應該是從入桶到裝瓶都存放在同一個橡木桶。不過橡木桶在酒窖內一放十多年或數十年，可能會發生各種狀況，假若品質不如預期，或者酒精度掉得太快，或失酒、漏酒，又或者向市場喜好的口味靠攏，必須採取修補策略。修正方式包括換桶、併桶或過桶，若以最後一個橡木桶的桶號來裝瓶，原則上也算單桶，消費者毫無查證的可能。假設以下幾種狀況：

A. 1個波本桶換到1個紅酒桶，6個月後裝瓶。

B. 2個波本桶放入1個PX雪莉桶，12個月後裝瓶。

C. 1個波本桶換到另1個波本桶，5年後裝瓶。

D. 2個雪莉桶併成1個雪莉桶，2個月後裝瓶。

　　A和B我們習以為常，酒廠或裝瓶商多半會大方的告知消費者這種過桶處理手法，並將最後的桶號標註在酒標上，不會有人質疑它不是單桶。C或D可能是因失酒過多或酒精度掉太快而不得不換桶或併桶，但酒廠或裝瓶商不會說明，否則將引發消費者對單桶身份的懷疑。只不過，純粹就邏輯而言，A～D的做法不是相同嗎？

　　假如酒友跟我一樣懷疑成癖，可以根據「天使的分享量」概略計算裝瓶數，如果數量差異太多，便可合理懷疑全程熟陳的可能。當然，從品飲的角度而言，是不是全程熟陳在同一個橡木桶完全與風味無關，只不過對於堅持單桶的基本教義派酒友，可能會因此留下心理陰影吧？

BBR挑桶大會

Keepers of the Quaich組織所裝出的單一桶

◈ 單桶＝原酒＝酒質？

另外一個時常發生的單桶迷思是「原酒」，只不過「原酒」和「單桶」一樣，也是缺乏法規定義的名詞。

「原酒」最早可能來自日本，指的是未經水割、保持原來酒精強度的清酒。台灣早年的威士忌業者引進高酒精度產品時，為了與一般40%或43%的品項區隔而引用這個名詞，如著名的格蘭花格105，酒精度高達60%，酒專或消費者習慣稱之為原酒。不過「原酒」一詞使用既久，範圍逐漸擴大，進而等同於「原本存放在橡木桶裡的酒」而與「原桶強度」（cask strength）畫上等號，等到原桶強度的單桶品項越來越多，又被視作單桶的必備條件。

至於「原桶強度」（大陸用語為「桶強」），早年和單桶、原酒一樣，不見於2009年公佈的《蘇格蘭威士忌規範》之中。到了2013年，英國為了滿足歐盟對於「地理標示」（GI）的要求，制定《蘇格蘭威士忌技術檔案》（Technical File for Scotch Whisky），其中有關"water"之使用特別說明：'The alcoholic strength of "cask strength" Scotch Whisky must not be adjusted after maturation.'，即「酒精度於熟陳後不得調整」之意，雖然沒有明確定義何謂「原桶強度」，但仍做了清楚的製作限制。

綜合以上種種名詞，法規當然不會規定單桶非得是原酒或原桶強度不可，但是在酒商有意無意的操作下，消費者容易產生誤解或混淆，進一步更模糊的將這些名詞與酒質畫上等號。確實，市面上常見以原桶強度裝瓶的單桶，但也不乏50%、46%或更低酒精度的單桶。簡單說，如果酒友看到46%的酒而懷疑它是不是單桶時，就已經被成見洗腦了。

酒標上的「原桶強度」標示

南投酒廠於2019年舉辦的選桶會用酒

◈ 酒廠生存的關鍵——調和技藝

正如酒友們所熟知，除非是單桶威士忌，其他各類型的威士忌都需要調酒師的調和。從酒質與選桶之間的關係來看，任何一座酒廠想裝出讓消費者瘋狂追逐的好酒並不會太困難，只須了解當前消費趨勢、掌握流行風潮口味，再從酒窖中搜尋表現特別精采的桶子，以單一桶裝瓶即可。但從酒廠經營的角度來看，如何經年累月的裝出核心普飲款，且每個批次的風味、品質都維持恆定不變，才是真正考驗，除了製酒人的技藝，更是調酒師數十年功力的展現。

酒廠無法憑藉著裝出單桶而生存，財力雄厚的小酒廠或許可以，例如以種植大麥為主要生息的德夫磨坊（Daftmill），但只要稍具規模，如噶瑪蘭或南投酒廠，靠著單桶名揚天下後，還是得回頭調和出核心款才能穩定的立足，大酒廠如格蘭菲迪、格蘭利威更不用說。調和技藝絕對是酒廠生存的關鍵，單桶偶一為之即可。

就是因為酒廠必須長年維持風格不變，所以唯有從核心款才能了解酒廠風格。雖然風格在時間的長河中勢必演變（請參考＜我們的酒廠位在濱海之地＞），但至少代表了今日酒廠想傳遞的風格。單桶有獵奇的趣味，但如果想從單桶中了解酒廠，便猶如瞎子摸象或以管窺天，所能見者絕對只是片面，這一點，初入門者千萬不要走偏。

WHISKY
19

甜味在舌尖、苦味在舌根

「請啜飲一小口，先不要急著吞下去，請記得理查・派特森所説，每多一年的酒齡就值得在口中多停留一秒，讓我們好好感受舌尖上的香草、柑橘和熱帶水果甜，微微的果酸存在於舌兩側，好，當我們嚥下酒液之後，是不是有一些略苦的咖啡、黑巧克力停駐在舌後根……」

　　我們在成長過程中，或多或少都曾看過、瞥見一張有趣的「味覺分布圖」(tongue map)，這張圖將舌面分為4個不同的區塊，分別去感受酸甜苦鹹不同的味覺：舌頭的前緣是甜味，兩側分別是前方的鹹味和後方的酸味，而舌後根則是苦味。這張圖可說年代久遠，雖然早已被證實為無稽，但科學的力量遠遠不敵流行文化的傳播，以致至今部分講師在帶領品酒會時，仍會引用這張圖來描述風味。

◈ 味覺分布圖的流傳史

　　認真追究起來，「味覺分布圖」來自德國科學家David P. Hänig於1901年所發表的一篇論文[1]「味覺的心理物理學探索」，文中敘述他所進行的味覺實驗和結果。為了要測量舌頭味覺感知的範圍，他在自己舌面上的不同位置，分別滴下酸甜苦鹹各種味道的溶液，發現舌頭的尖端和邊緣因具有許多微小的感覺器官，因此對味道特別敏感，而舌頭周圍也可根據刺激的大小而感知某些味道。結論是，舌頭的不同部位對不同的味道

1.David P. Hänig 1901 "Zur Psychophysik des Geschmackssinnes"

具有不同的感知門檻，但差異相當微小。

　　Hänig的研究基本上沒太大錯誤，但是當他發表實驗成果時，為了簡化而附上了一張圖，圖中將舌面分為幾個區域，代表各區味覺變化的相對敏感性。以科學研究而言，這種區域劃分並不精確，而且容易造成誤解，讓讀者以為舌頭的不同部分負責不同的味道，而不是舌頭上不同區域對味道敏感度的差異。不過這是一篇只流傳於學術界的科學論文，缺乏媒體的報導下，一般大眾毫無所悉，當然也沒激起什麼漣漪。

　　到了1942年，一位美國哈佛大學的心理學教授Edwin G Boring在他厚達700頁的鉅著[2]《實驗心理學歷史中的感覺和感知》中，利用25頁的專章探討味覺與嗅覺，並重新引述Hänig的實驗和這張圖。只不過在翻譯時，由於德文中一些數據表達得有些模糊，Boring也未將實驗細節和限制說明清楚，但是經由媒體報導後，從此這張簡單易懂的「味覺分布圖」開始流傳，而且一直流傳到近80年後的今天。

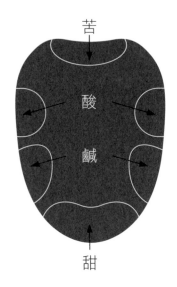

味覺分布圖

2.Edwin G Boring 1942 "Sensation and Perception in the History of Experimental Psychology"

　　簡易的圖表一向容易被民眾理解也容易傳播，但也因為過於簡易而讓人起疑，從分布圖公布之後，研究人員不斷嘗試去挑戰、反駁這張簡化圖，其中最重要的是1974年Virginia B.Collings所發表的論文[3]。在這篇文章中，她徵求15名志願者，在口中的不同區域，包括舌尖（front）、舌側（side）、舌面（foliate）、舌廓（vallate）和舌顎（palate）滴入鹹（氯化鈉）、甜（蔗糖）、酸（檸檬）、苦（尿素和奎寧）的溶液，先測試各區域的味覺門檻濃度，再比較敏感度。根據測試結果，舌面上的各區域都能察覺這些味道，雖然濃度門檻略有差異，但差別非常微小，而且在各舌區相互重疊。若與Hänig的結果比較，舌尖對於鹹味較為敏銳，而舌根於對苦味比起舌尖反而更不敏感，當然，受測者之間也存在差異。

◈ 不必羨慕超級味覺者

　　基本上，味覺分布圖在1974年便已經被推翻了，而且由於分子生物學的長足進步，近代科學家對於人類如何產生味覺已經有了充分的瞭解。各位酒友如果面對鏡子，請伸出舌頭仔細觀察，雖然無法直接看到味蕾，但可以發現舌面上或舌根處有許多小小的突出物，生理學上稱為「乳突」（papillae），依據其分布位置可分為：

- 菌狀乳突（Fungiform papillae）：分布在舌面、舌側上直徑約1mm左右的紅色圓形突起，縱剖面上呈蘑菇形。

- 輪廓乳突（Circumvallate papillae）：位在舌根盡頭處舌界溝附近的突起，比菌狀乳突大上許多，每個突起周圍還有一圈環形結構，但數量不多，僅有10～14個。

- 葉片乳突（Foliate papillae）：位在菌狀和輪廓乳突之間，呈現短

3.Virginia B.Collings 1974 "Human taste response as a function of locus of stimulation on the tongue and soft palate" Perception & Psychophysics, 1974, Vol.16, No.1, 169-174.

短的折疊狀，不過人類舌頭上的葉狀乳突幾乎都退化了。

另外還有第四種的絲狀乳突（filiform papillae），雖然數量最多，但因為不含味蕾，因此略過不談。

以上這些乳突都擁有一到上百個味蕾，平均每個人的舌頭上總共有2,000～8,000或甚至1萬個味蕾，每個味蕾的壽命約10～14天。年齡越長，味蕾數量越少，這也就是老年人常常感覺食物沒有味道的原因，抽菸者也將折減味蕾數目（戒菸後食慾大開或許也跟味蕾數量有關）。另外耶魯大學的Linda Bartoshuk於1980年代發現，某些人對於某些物質會感覺到苦味，但有些人卻毫無感覺，她稱這些人為「超級味覺者」（super-taster），原本以為他們比常人擁有更高密度的味蕾，不過研究發現對於苦味的敏感來自基因變異，而變異的原因可能是為避免食入有毒物質。不過，我們不要被「超級味覺」的名詞迷惑，這種天賦異稟並無法造就美食家，反而由於太敏感，讓他們無法如正常人一般的享受各種美食。

◈ 我們如何感受味道？

味蕾如何感受味覺？每個味蕾擁有50～150個味覺受體細胞，其表面存在信號蛋白，當甜味、苦味或鮮味分子結合信號蛋白中的特定種類時，便會刺激神經產生化學訊號，通過感覺神經傳送到大腦皮層，而後形成特定味覺。上面提到的味覺只有甜、苦、鮮，因為到目前為止，是否存在鹹味和酸味的受體細胞仍在爭議中，主流的看法是鈉離子和氫離子進入細胞頂端的離子通道後，鈉離子濃度升高便會產生鹹味，而氫離子濃度升高則產生酸味。

至於味覺訊號如何傳遞給大腦，讓我們查覺各種味道？學界存在兩

種不同的模型。第一種是「專線傳輸」模型，受體細胞對單一味道起反應，再以單獨的神經纖維來傳遞味覺；第二種則為「交叉纖維」模型，使用的是公用神經網路，但這種模型又有兩種假設：（1）每個味覺受體細胞都能識別5種基本味道，以及（2）每個味覺細胞只能辨識一種基本味道。

為了瞭解可能的傳輸模型，分子生物學家利用老鼠來進行實驗，雖然沒有最終定論，但偏向於專線傳輸模型。可確定的是，由於每個味蕾都擁有許多受體細胞，因此都可以辨別5種基本味道，所以不同味道在口中不同區塊的感受能力都相同。不過由於每個人在不同區塊對味道的感官門檻不一，會讓人產生某些區塊對特定味道較為敏感的錯覺，這也便是為什麼Hänig在1901年的實驗中，得到「味覺分布圖」的原因。

酒友們一定注意到，所謂的「味道」不是僅有酸、甜、苦、鹹這4種被科學界全盤接受的基本味道，還有第五種鮮味（umami），不過鮮味雖然擁有充分證據，仍未被完全認可，另外脂肪、鈣和碳酸等味道也在競爭「基本味道」之列。

至於許多人喜好的辣、涼、麻等感覺，並不是由味蕾所產生，而是來自於口中的感覺細胞，如辣椒素（capsaicin）便直接刺激與痛覺和溫度有關的神經纖維，所以如果我們把辣椒塗在鼻腔、嘴唇或皮膚表面，由於這些身體部位同樣也有痛覺和溫度神經，因此也會感覺到辣。同樣的，薄荷等涼感物質刺激與溫度有關的神經，而花椒中的山椒素（san-shool）則刺激觸覺以及痛覺神經。許多人喜愛麻辣鍋，但我無法接受麻感，總覺得麻感封閉了其他風味感受細胞和神經傳遞，會讓我食之（飲之）無味。

◈ 達人受騙記——味蕾上當的真實經驗

講到生理科學的諸多專有名詞，酒友們不是大翻白眼，就是乾脆跳過不看。不過味道（taste）來自生理反應，是硬底子的生理科學；但風味（flavor）不是，牽涉到更多的心理層面。為了證明這一點，我舉一個發生在2020年初的被騙經歷來說明。

帝亞吉歐裝出的「約翰走路」有上百年歷史，一直是調和式威士忌的銷售冠軍。由於公司旗下曾經擁有過、但已經關廠的酒廠不少，因此從2017年起開始，推出「約翰走路」藍牌Ghost & Rare系列，分別以我們緬懷不已的Brora、Port Ellen和Glenury Royal為基礎來進行調和，相信許多酒友都聽聞過或看過喝過。為了宣揚這三款藍牌，台灣帝亞吉歐於2020年在台北打造了一座體驗中心「藍舍」，先邀媒體、續邀達人及VIP參加一場饒富聲光娛樂的餐酒會。

推開體驗中心的「藍色大門」（有誰還記得這部電影嗎？），先由簡單的歷史影像將時光拉回到二十世紀，再坐上時光旋轉椅進入充滿昏暗藍光的迷離幻境，工作人員引領著參加者來到餐桌坐定，小小雅間佈置了歷年來的經典酒款，身旁布幕則區隔了不知名空間，桌上一式排開4只深藍色的酒杯，杯中物當然便是試飲的主角。正當我開口詢問第四杯酒是什麼的時候，侍酒師給了我意味深長的微笑，然後布幕拉開，展現在我們眼前的是一大片舞台，隨著侍酒師按Glenury Royal、Port Ellen和Brora講述每一杯酒的主題酒廠歷史，舞台以聲光投影重現酒廠風光，講到Port Ellen時，空氣中還吹拂著陣陣煙燻氣息。

三款酒分別搭配了由私廚烹煮，並與品牌大始多次討論的菜餚：先以無花果桃膠沙拉佐松露蜂蜜醬開胃，搭配的是Glenury Royal，沙拉中的蜜甜滋味與酒中的果甜相互陪襯十分清爽；前菜為手指檸檬醬和北海

道干貝，由檸檬泡泡、柴魚凍、干貝和青蘋果丁組合的多層次滋味，讓Port Ellen的煙燻泥煤彰顯了更豐足的鮮甜；第一道主菜醬醃五花腩和花椒蛋白霜，略帶著醬油燒烤風的豬腩與Brora裡的輕煙燻泛起多重肥美的油脂。每一道菜與每一杯酒，在身旁演繹的聲、光、影襯托下，都融和得美味異常。坐在對面的是我心目中台灣唯二的威士忌大師之一，他不止一次的誇讚私廚手藝之精湛，也多次添酒往來測試餐與酒的搭配，相當驚嘆酒款與菜餚搭配之精準。

最後一道主菜是布列塔尼藍龍蝦與奶油紅蝦燉飯，搭配的是大家都十分熟悉的標準藍牌，舞台中大提琴感性深沉的低音，與舞者迴旋繚繞的舞姿，將充滿雋永淡煙燻的藍牌主旋律提升到藝術層次。等大家飲完最後一杯酒，侍酒師微微欠身向大家致歉，在眾人略帶詫異的眼光中告訴我們，前面喝的四支酒全部都一樣！

什麼？WTF！完全不顧形象的我差點兒粗話就冒出來了，「怪不得……」我事後諸葛的真話訥訥不敢言，但Port Ellen和Brora確實很不一樣啊～而且，那一陣煙燻也未免欺人太甚了。看到我們的反應，憋了許久的總經理和品牌大使笑得前俯後仰、樂不可支，他們心裡一定在想：這群所謂的專家達人是多麼容易被欺瞞啊！

這就是我十分開心的受騙上當經過，但說出來不怕丟臉，因為入口的風味只有一小部分來自味蕾，真正的風味其實是味覺、嗅覺與觸覺（口感或質地）的總和，再加上視覺和聽覺的誘發。所以當我們品飲威士忌時，在不同的環境和不同的人，產生的感受都不同，不是我們的嗅覺、味覺有變，而是在心理暗示下，風味確實都改變了。

搭餐佳餚是否影響酒中風味？

雪茄可能導致味覺上的加強還是減弱？

◈ 味覺啟蒙的藍色大門

在這一場經歷中，由於當天下午另有工作會議，所以在餐桌坐定後，我不遵守規矩的將4杯酒都聞過一遍，心裡想，奇怪，怎麼感覺都一樣？但隨後聲光展演和侍酒師的話術催眠下，風味感受完全被牽著鼻子走，尤其是對面大師的不斷誇讚，根本是活動埋下的暗樁！體驗中心結束後，我詢問主辦總共接待了多少人？其中又有幾位懷疑或破解玄機？她誠實的告訴我，全數將近1,400位參加者中，猜出並直接反應的人數不超過10位，這些勇於挑戰權威、令人敬佩的達人們，其共同點都是藍牌的愛好者，所以藍牌風味已經深植於腦中，才能大膽做出反應。

年輕的桂綸鎂與陳柏霖於2002年的電影《藍色大門》中，演活了高中生稚嫩但真誠無比的愛戀，劇中懵懂青澀的桂綸鎂期盼著直接跳過青春期，一步踏入成人世界，成為我心中最鮮活的啟蒙電影。「藍舍」也有一扇藍色大門，跨入大門，先是被愚弄，而後覺醒，憬然領悟原來我們的感官是如此運作，在風味的認知旅程上，絕對是一個重要的啟蒙。

走入藍舍的藍色大門，我才幡然醒悟，真正的風味很大一部分是來自想像力

（圖片提供／蘇重）

你喝的真的是日本威士忌？

「日本威士忌名震遐邇，最特殊的莫過於有如日本禪寺的線香香氣，是蘇格蘭威士忌所無法傳達的感官享受，所以無論是初入門的朋友或是已經遍嚐美酒的老饕，都應該試試我們這支日本威士忌，靜心感受屬於神秘東方的禪意……」

　　幾個月前，朋友在臉書上張貼了一則德國威士忌交易網的資訊，展示的是一瓶於2007年裝出的山崎12年The Owner's Cask，價格約合新台幣5萬餘元。日本山崎蒸餾所從2004年開始，提供私人包桶服務，統稱為The Owner's Cask，但只裝給日本國內的個人或酒專，國外市場歷年來只裝出4桶，最早的1桶於2007年裝給了「台灣單一麥芽威士忌品酒研究社」（TSMWTA），隔一年又分別裝給「達人學苑」和知名藝人吳淡如，最後1桶則是在2010年給了法國著名的專賣店La Maison du Whisky（LMdW）。

◎ 從銷售慘澹到千萬天價

　　回顧2004年，日本威士忌銷售情況慘澹，一次賣出1桶的包桶服務對業績來說不無小補。那支登上交易網的日威，總裝瓶數202瓶，當初只售予TSMWTA的社員，不知如何流出，奇貨可居事屬必然，已是當年售價的20幾倍。但這種標價不算驚人，2019年羅芙奧台北春拍上，山崎50年

第一版以1,351萬台幣落錘（含佣金），創下日本威士忌的拍賣紀錄，比起前一年在香港邦瀚斯拍賣會的270萬港元又上漲了2成多！儘管如此，由於日本威士忌近幾年來價格不斷飆漲，大家似乎見怪不怪，可想而知的是，羅芙奧春拍這支僅有50瓶的第一版，未來的拍賣價絕不會停止在1,351萬，就算酒友們「酒是買來喝的」喊得震天價響，買家絕對不可能開來喝掉，而是鄭重其事的珍藏起來，而後待價而沽。

近年來日威的盛況，10年前大概沒有人能夠預料，因為日威在全世界爆發性的成長也不過是在近10年間。當全球威士忌產業遭逢第二度大蕭條的1970、80年代，日威同樣狀況淒慘，國內的銷售量在1983年達到顛峰之後，從此巨幅下滑，到了2008年，僅及高峰期的1/4左右。難怪當年山崎願意釋出The Owner's Cask到國外，也是今天日威價格無限上漲的主因之一。

由於威士忌是需要長時間熟陳的特殊產品，因此目前市場上普遍可見的都是無酒齡標示的裝瓶，原本預定2020年東京奧運才能裝出的12年核心款，又因年初的新冠肺炎疫情而延宕，所以價格問題，純粹就是物稀為貴。

但是供需失調只是原因之一，預期匱乏的心理才是助長飆升的最大助力，尤其是對於歐美人士，日本的神秘東方色彩具有致命的吸引力。不過就在日威價格叫人瞠目結舌的同時，市面上快速出現許多陌生的酒款，其最大特徵，便是酒標上大大的漢字標示，讓不識漢字的西方人產生幻想，甚至也誤導某些不熟悉日威的酒友。如果詳細查考，可以發現這些裝瓶的酒廠，若不是不具蒸餾執照，便是剛剛取得，而裝瓶的酒齡往往高達十數年或數十年，很顯然瓶中物並非由酒廠所製作。

◈ 不可思議的寬鬆規範

沒錯，印象中循規蹈矩的日本人也會走偏門捷徑，眼看日威夯透全球，日本威士忌的規範又鬆，此時不趁機大撈一筆更待何時？但日本威士忌的法規到底有多寬鬆？《日本威士忌全書》的作者Stefan van Eycken曾說道：「只用『寬鬆』二字來形容日威法規也未免太小看它了，如果再鬆一點，只要裝進自來水都可以稱為日本威士忌」。事實上，日威所有的規定都源自稅法，而稅法的立法原意是來自福利國家的「縱向平衡」，也就是讓支付能力高的消費者負擔較高的稅額。威士忌被視作奢侈品，在1989年以前，按酒精度及原酒含有率區分為特級、1級和2級，這個制度在多年來歷經「蘇格蘭威士忌協會」（SWA）、「關貿總協定」（GATT）及「世界貿易組織」（WTO）的抗議後取消，如今按日本《酒稅法》第三條第十五號規定，威士忌係指下列產品：

1. 以發芽穀物及水為原料，糖化後的含酒精物質經蒸餾所得之物（蒸餾後的酒精度需小於95%）

2. 以發芽穀物、水及穀物為原料，糖化後的含酒精物質經蒸餾所得之物（蒸餾後的酒精度需小於95%）

3. 在1、2之中添加中性酒精、其他烈酒、香料、色素或水之物（1、2款酒類提供之酒精量，須占產品酒精總量的10%以上）

除此之外，《酒稅法施行令》第八章第五十條第7.1項提到：「蒸餾酒類與水混合後酒精度應在20%以上（威士忌、白蘭地、烈酒與水混合後酒精度應在37%以上）」。

不知各位酒友是否注意，上述的稅法條文中，只需調入10%我們認知裡的威士忌，便可稱為威士忌，而且定義裡也沒有熟陳規定，更缺乏產地要求，也就是說，日本威士忌不需要在日本本土產製，可以從世界各

地購買威士忌，然後：

- 直接裝瓶銷售；或

- 先放入木桶中熟陳一段時間再裝瓶銷售；或

- 調和來自其他產地的原酒裝瓶銷售；或

- 調和來自其他產地的原酒與日本產製的原酒裝瓶銷售。

透過以上4種方式裝瓶的酒，通通都可稱為日本威士忌，一般標示為「日本純麥威士忌」（Japanese pure malt whisky）或「調和日本威士忌」（Blended Japanese Whisky），名稱上無從判別瓶中原酒產自何方。此外，由於法規也未限制裝瓶酒精度，因此可裝出低於我們認知裡40%酒精度的酒，唯有當酒精度未滿13%時，可標示為「水割威士忌」。

◈ 恐怖的日威經驗

就因為法規如此混沌讓消費者無從察知，產出的威士忌品質如何？在酒量及金錢有限的情況下，我近年來唯一買過的不明日威是「樫樽原酒」，酒專信誓旦旦的宣稱熟陳於水楢桶，但呈現的風味只和酒標上的White Oak相仿，猜測是購自蘇格蘭的威士忌，而後在日本桶陳裝瓶。「樫樽原酒」雖表現普普，但中規中矩，我想談論的是多年前的怪談。

話說2008年底，我與幾位威圈大老出訪日本，一行眾人於最後一日來到大阪有名的購物街「心齋橋」，準備將剩餘的日幣花完。在某一間記不得名稱的酒專裡，發現了無人能識的怪酒「笛吹鄉23年」，儲放在一個接了水龍頭的小橡木桶，架子上還放了許多不同容量的空瓶讓消費者自行裝酒。團裡所有人對這款莫名其妙的酒都一無所知，沾了沾龍頭下方的殘酒聞了聞，除了新木桶味，也有些雪莉的蜜果甜，感覺似乎沒什麼不好，而

價錢，居然驚人的便宜（含稅約￥3600），所以大膽的帶了一瓶回台。

原來這支酒出自山梨縣笛吹市以產製葡萄酒為主的的Monde酒造，但原酒的實際出處不得而知，裝瓶商Tokuoka從酒造取得酒之後，再以「笛吹鄉」的品牌對外銷售。酒的風味如何？我將當時的品飲筆記附錄於下方，有興趣的酒友可以查看。綜合而言，第一時間就被恐怖的「香氣」給嚇壞，搖、晃、加水、等待都毫無幫助，提起勇氣入口，完全複製「香氣」帶來的驚恐，似乎混合了多種煤油、焦油、機油、燃燒的橡膠、塑膠皮，甚至阿摩尼亞味道，僅啜飲兩小口之後便直接倒掉，滿分100分裡我給它一個大鴨蛋！

Usuikyou 1983 "笛吹鄉"（64%, Bottled by Tokuoka）

Nose：一開始是廢機油味，而後立即衝出橡膠、焦油、魚肝油、浮在水面的機油、塑膠皮、橡膠雨鞋和一點點阿摩尼亞等等讓我皺著眉、強忍住噁心感的各類風味，摻在裡面的甜毫無幫助，只更添混合後的不堪，且跟隨著酒精越來越濃，10分鐘居然飄出薄荷涼，如入鮑魚之肆的稍微可以喘口氣，不過硫化物味也漸漸蒸起，所以算了，不需要再多花時間等待。

Palate：煤油、大量焦油、燃燒的橡膠、柏油、瀝青，酒精非常強烈刺激，將舌頭螫得有點麻痺，微量奶油和大量燒烤、煙燻、黑胡椒，小啜第二口發現摻了許多果甜，卻也包含許多硫味，不過我再也無法忍受了，而且沒有勇氣多試第三口，直接倒掉！

Finish：中～長，辛辣刺激持續殘留在舌面上，淡淡的果甜、燒烤的油漬、少許機油、煤油和燃燒後的橡膠，一點點泥煤和鹹味。

　　當然，我相信今天市面上的裝瓶，應該不致像笛吹鄉那般讓人避之惟恐不及，不過，就因為不知原酒來源，也難查考調入什麼物質，不如保持距離、以策安全。根據「國際葡萄酒及烈酒研究」（IWSR）的調查，2017年出口到日本的加拿大威士忌比起4年前成長了70%，不過加拿大威士忌在日本的銷售量並未因此而成長；SWA的統計資料也顯示，2018年出口到日本的穀物威士忌比前一年成長約41%，但同一時期「蘇格蘭穀物威士忌」在日本的銷售量也沒有太大改變。顯然增加的數字，並不是以原始來源做銷售，而是搖身一變，成為搶手的「日本威士忌」。

　　不惟小廠如此，即便產量占全日本80%以上的賓三得利和日果（Nikka）公司，同樣也做調和。日果於1989年買下蘇格蘭Ben Navis酒廠，其生產的原酒3/4都運到日本調和Black Nikka；賓三得利於2019年初推出的「碧AO」，同樣也是調和了來自蘇格蘭格蘭蓋瑞、愛爾蘭、美國金賓、加拿大（可能是加拿大會所）和日本山崎的五大產國威士忌。「碧AO」堪稱透明，至少消費者清楚知道喝下的酒來自何方，其他不知凡幾的裝瓶就糊里糊塗了。

已經關廠的日本威士忌如今一瓶難求

誠實標註調和五國原酒的日本威士忌

◈ 日本威士忌法規的修訂

　　其實日本不是特例，5大產國中僅有蘇格蘭對產製履歷規範嚴謹，愛爾蘭、美國、加拿大的品牌裝瓶，其內容物同樣讓人一頭霧水。但問題在於，日本威士忌的法規太寬鬆了，可能90%都是利用中性酒精調製，而且憑藉著Japanese Whisky的聲威和漢字酒標在國際市場攻城掠地，不得不讓人心生警惕。相對於此，日本酒公司也有所回應，譬如倉吉（Kurayoshi）和鳥取（Tottori）所屬的松井酒造（Kurayoshi Distillery）於備受質疑後，2017年開始自行蒸餾麥芽威士忌，但對於市面上流通的品牌依舊選擇閉口不談。

　　針對這股亂象，釜底抽薪之計就是修訂法規，尤其是賓三得利和日果公司兩大巨頭，旗下無論山崎、白州或響，以及余市、宮城峽和竹鶴，都是國際獲獎無數的知名品牌，站在維護自家利益的立場，為什麼不聯合起來推動法規的修訂？我的想法或許太過天真了，因為威士忌獲利的最大來源向來都不是這些「知名品牌」，不過，「日本洋酒酒造組合」於2018年起開始檢討日本威士忌的定義，2019年舉辦的「東京威士忌與烈酒競賽」（TWSC），也將日本威士忌分成3種類型，分別定義如下：

- 日本威士忌（Japanese Whisky）：以穀物為原料，進行糖化、發酵、蒸餾後，於木桶內熟陳2年以上，而後以40%以上的酒精度裝瓶，這些製程全都必須在日本國內進行。

- 日本新酒威士忌（Japanese New Make Whisky）：與日本威士忌的規定相同，唯一的差別是陳年時間在2年以下。

- 日本製威士忌（Japan Made Whisky）：日本國內製作或從國外進口的原酒，在日本調和及裝瓶，但不得如現行的稅法一樣添加中性酒精或其他烈酒、香料、色素等。

很顯然，上述定義終於能夠跟國際接軌，也比較符合我們對威士忌的認知，但TWSC只是一項民間舉辦的競賽，不具官方色彩，不等同於法規修改。不過在威士忌風潮強勁侵襲下，據說日本的確計畫在2020年修改法規，重新定義威士忌，我們樂觀其成之餘，就拭目以待吧！

市場追逐的響17特殊標

漲翻天的Owner's Cask

WHISKY
21

你買的50年老酒值多少？
（威士忌成本算給你聽）

「各位尊貴的佳賓和媒體達人朋友，讓我們為您揭開這款稀世珍釀的50
年威士忌（音響聲光下，高眺美艷的PG款款而出，妙目橫掃、巧笑倩
兮的拉開布幕）……為了增加尊榮感，我們特別聘請國際知名的設計師
精刻雕琢出具有藝術感的水晶瓶，並以原來陳放的橡木桶打造出專屬木
盒，讓您擺設在家中顯得堂皇富貴……」

　　記得十多年前剛開始學習喝酒時，威士忌的價格合理且容易估算，
每1年的酒齡相當於台幣100元，所以10年酒約1,000元、20年酒2,000元等
等，到了30年酒，因為已經是老酒等級，價格稍微往上翻，但4,000～5,000
元便可輕易買到。我的朋友曾提到，早年橡木桶洋酒販售的「黑波摩」
（Black Bowmore 1964）因價格太高而乏人問津，只得在年節包裝成禮盒
出售，作價約6,000多元，但依舊賣不出去。可惜當我在10年前注意到這
支酒時，價格已經上漲到12萬元，遠遠超出我的荷包深度而難以下手。
悔不當初的是，目前台灣已無市價可訪，The Whisky Exchange網站的標
價為23,000英鎊，約合台幣92萬元！

　　便因為這種指數型漲幅，今天的酒商絕對會對「1年100元」的所謂
合理價嗤之以鼻，不過我「有所本」，可簡單計算如下：假設10年酒的
總裝瓶數為600瓶，每年被「天使」分享去掉2%，所以裝瓶數將逐年降
低，為了彌補損失，酒價必須逐年上調。假設每多一年酒齡將售價調高

10%，那麼每多5年的價格和獲利可計算如表1：

表1 合理利潤下的威士忌售價計算

酒齡（年）	裝瓶數	售價（台幣）	總售價（台幣）	增值比
10	600	1,000	600,000	
15	542	1,611	872,896	7.81%
20	490	2,594	1,270,934	7.80%
25	443	4,177	1,850,521	7.81%
30	401	6,727	2,697,727	7.85%
35	362	10,835	3,922,164	7.91%
40	327	17,449	5,705,955	7.69%
45	296	28,102	8,318,321	7.81%
50	267	45,259	12,084,221	7.98%

　　這種獲利能力雖然乍看合理，卻完全不符實際。先不談今日一堆無酒齡標示（NAS）但動輒數千元的酒款，以國內有酒齡標示、品項齊全的某暢銷品牌而言，推出當年的牌價如下頁所示，而表2最後欄位顯示的是與表1「合理價」的比值：

表2　某品牌的公開牌價

酒齡（年）	售價（台幣）	售價比
15	2,600	1.61
20	12,000	4.63
25	35,000	8.38
30	75,000	11.15
35	160,000	14.77
40	250,000	14.33
45	450,000	16.01
50	2,100,000	46.40

　　50年的老酒開價210萬台幣合不合理？根據網路資料，格蘭菲迪50年在酒廠官網的售價為25,000英鎊，同一公司的百富50年其國際行情約在120萬台幣以上，麥卡倫50年早已越過300萬台幣，而山崎第一版50年在羅芙奧2019年春拍以1,300多萬台幣的天價落槌，相較之下，似乎210萬勉強也可以接受。只不過做為對比的是，山崎蒸餾廠在2020年初首度裝出100瓶的55年，以公開抽籤方式搶購，每瓶僅售300萬日圓，和上述天價酒款比起來，根本是平易近人、童叟無欺啊～

有幸一試的GM的56年老酒

2020年羅芙奧拍出高價的山崎50年第三版
（圖片提供／羅芙奧）

◈ 合法印鈔機

　　怪不得在全球各地擔任酒廠顧問的已故威士忌大師Jim Swan曾在一則訪談中說道：「（新酒廠）一旦開始販售所生產的一切，就等同於獲得一張合法印鈔執照」（"Once you're selling everything you make, it's a licence to print money"），而且他還認為當全球酒客追逐高價酒款時，每一瓶酒的獲利將超過90%！

　　90%？2016年的大師太小看這一波風潮了，如果拿上表來看，已經超過了數十倍。這就是為什麼近10年來新酒廠紛紛成立的原因，大酒廠不甘示弱，也大張旗鼓的努力投資，或擴建舊廠，或放眼新興市場。2019年的一則新聞揭開法國保樂力加公司在大陸四川峨嵋山下興建了麥芽威

士忌酒廠的消息，預計在2021年開始生產，並且在未來10年將砸下1.5億美金招攬每年約200萬的觀光客，看中的便是這一大塊威士忌處女地。

　　當然，Jim Swan並未隱瞞實際投資成本，除了建廠所需的資金門檻，他認為後續每年至少還須投入25萬英鎊，才能夠達到商業運轉的規模，而且估算從開始生產後，大概需要8年才能夠損益平衡。是焉？非焉？據傳2016年成立的多諾赫（Dornoch）已經達到平衡了，但我相信所有酒友們都清楚1970、80年代的威士忌大崩盤，也都知道國際黑天鵝或灰犀牛事件發生的可能，所以不妨瞪大眼睛看，今日越吹越大的泡沫哪一天會被戳破，當然，隱藏在酒友們心底層的黯黑期盼，是那些衝上雲霄的酒價因此從天上摔落，回復到品飲而非投資的合理價格。

　　但什麼是合理價格？前頁表1嗎？酒商們絕對不這麼認為，即便是消費者也不致如此天真，因為表1站在一個虛幻的假設上：酒廠的酒窖裡堆滿了橡木桶，可以源源不絕的裝出各種不同酒齡的酒。但實際情況是，1970、80年代的大崩盤讓老酒庫存虛空，物稀自然為貴，而威士忌又是非屬民生必需的奢侈品，定價方式與成本無關，而是供需問題。

　　在供給端，價格與成本正相關，今日原物料及人力價格飛漲的情況下，製酒成本跟著墊高，但不會立即反映，必須等熟陳多年後才會顯現出來，所以目前的價格是由在手庫存決定。至於需求端，根據今天價格持續調漲而消費者依舊買單的情況，只證明酒客願意花更多的銀子來買酒，也許一部分會開瓶享用，但另一部分是預期漲價心理下先買再說。

蘇格登43年老酒

格蘭利威50年第三版

◈ 威士忌的定價策略

　　由於威士忌不是民生必需商品，定價方式和一般民生物資不同，考慮的不單純是成本價格，更要鑽研的是價值定位。根據204年版的"Whisky: Technology, Production and Marketing"，隸屬於帝亞吉歐集團的「國際蒸餾者及酒商」（IDV）組織認為，威士忌的定價策略必須兼顧以下三大原則：

1. 價格的彈性（Price elasticity）

　　或稱「需求價格彈性」（Price elasticity of demand），與口語中的「彈性價格」並不相同，而是按照經濟學的定義，用來衡量調整售價對銷售量的影響。我們從常識上就可以判斷，調降商品售價有利銷售數量的增

長；反之，調高商品價格，銷售數量應該會下滑，所以價格通常與銷售量成反比。價格彈性大的商品，微小的價格調整都可能導致銷售量的波動；彈性小，則代表了商品擁有較高的忠誠度或較少的競爭對手。

對威士忌商品來說，由於品牌聲譽需要長時間才能建立，所以成熟的品牌其彈性相對小，除非受到外在因素的干擾，如大幅增加關稅（美國於2019年底針對進口自英國及歐盟的單一麥芽威士忌加徵25%懲罰性關稅），否則價格只在狹窄的範圍內緩慢波動；不過還得考慮許多層面，如整體銷售市場、競爭品牌、自有品牌的不同產線和品牌的規模等，都可能導致價格彈性發生變化。另外需要思考的是，成功的品牌通常具有比售價更強大的購買理由：增值空間。

利用價格彈性分析，可用來確定促銷活動是否能刺激買氣、增加利潤，如果行銷不知道自有品牌的價格彈性，貿然跟著競品殺價促銷是非常不明智的。所以行銷人員必須先瞭解品牌在市場中可接受的價格變動範圍，並且將價格放在最有利的位置，成為大家搶破頭的高價商品。不過也必須小心，因為一旦定價超過價格帶的邊緣──或稱為價格閾值（price threshold）──就算是在某個品牌類別中占有主導地位的商品，消費者也會停止購買，轉向競爭對手或乾脆縮手（這就是我近幾年來幾乎不買酒的原因）。

2. 價格的定位（Price positioning）

針對不同類型、產地、酒齡、年份的酒款，市場通常會自動劃分成不同的價格帶，用以瞄準不同的消費族群，而每一個價格帶內都包含許多類型相似、酒質相當的競爭產品。因此所謂價格定位，便是在價格區間尋找出更細緻的價格甜蜜點，以創造競爭優勢。

　　一般而言，較低價的酒款銷售量較大，為了搶占市場，品牌決定旗下標準核心酒款或是特殊酒款的價格時，除了必須跟同樣價格帶內其他競品的價格比較，也必須同時照顧到低價商品的銷路。只不過來到今天，越來越多的IB及酒專、個人包桶投入市場，對OB品牌的價格造成不利影響，尤其是高價酒款承受極大的壓力。這種情況基本上無解，市場也進而分成兩大塊，一塊屬於忠誠的消費者，他們繼續支持過去信賴的品牌，並繼續從熟悉的商家購買這些品牌酒款。至於另一大塊，越來越多的消費者追逐陌生、新鮮的品牌，但是缺乏品牌忠誠度。對於這類型的消費者而言，顯然小幅降價有機會改變他們的喜好。

　　價格定位是殘酷的，因為品牌一旦建立起定位形象之後，就很難改變消費者的印象，也因此不容易調整價格。當消費者習慣酒款的價格時，即使提供附加價值（如採用更精美的包裝或附贈酒杯、小酒樣等贈品），通常無法提高售價。不過另一方面，品牌也很難降到較低的價格帶，因為短期的降價促銷可能有效增加銷售量，但不一定能彌補降價導致的損失，況且短期收益可能會破壞品牌好不容易建立的形象，進一步侵蝕品牌長期銷售的能力。

　　但無論如何，品牌在某個價格帶內仍擁有調整價格的空間，這當然取決於其價格彈性。一般而言，領導品牌由於擁有較小的價格彈性，所以具有上下調動價格的能力，較弱的二線品牌通常只能選擇降價。在這種情況下，居弱勢的品牌想突出重圍、吸引消費者的注意，常見的策略是採取集體作戰方式，提供涵蓋各種價格帶的完整系列商品。

8. 酒款的感知價值（Perceived value）

　　經濟學上的感知價值，是消費者評估從產品獲取的利益、報酬與成本之間的差異，可以用感知收益和感知成本之間的比例關係來表示：感

知價值＝感知收益／感知成本。不過這種解釋太拗口了，如果換成庶民語言，大概就是我們常講的性價比或CP值。

以威士忌商品來說，感知收益相當於我們對於酒質的喜好、獲得的獎項、知名酒評給予的評分等綜合判斷，而感知價值就是當消費者購買某酒款時，為了獲得以上的收益，心理上願意付出的代價。在消費者心中，較高的價格必須獲得較高的收益才能達到平衡，所以如果能提供更多的收益，自然就能支持更高的價格，而如果價格不隨之調高，那麼消費者將感覺到獲得更多的收益。舉個淺顯的例子，國際烈酒競賽獲得獎項的酒款，通常立即調漲價格，但如同噶瑪蘭的Solist系列，雖然獲獎無數，但依舊維持原價，因而提升酒款在消費者心中的感知價值，讓過去嫌貴的消費者，居然也噤口不言了。

如同我一再強調，威士忌不是民生必需品，成本只是價格的基準，所以如果能掌握消費者對於品牌的感知收益與價格之間的連結，在制定價格時將非常有用。

◈ 威士忌的成本探秘

大酒商和消費者想的確實不一樣，他們思考的定價策略除了得兼顧「務實」與「形象」，還得忖度其他競品的策略，猶如一個多方參與的賽局，最好的結局是把市場越做越大、各取所需，而絕對要避免的是爾虞我詐的「囚犯困境」，以及競價對撞、相互毀滅的「膽小鬼遊戲」。但說到最後，賺錢是唯一王道，有錢賺才能永續經營，在這個大前提下，生產成本不得不顧。

雖然酒款的定價早與成本脫鉤，不過大家須先了解，無論是酒廠的核心常態裝瓶，或是近幾年層出不窮的各種限定款、特殊款及特殊標，

在生產階段一切條件都相同，酒廠不可能為了十數年或數十年後的裝瓶而採用特殊原料和製法，所以生產成本也全都一樣。至於讓人搶破頭的各種特選、精選及嚴選，貴到翻天的價格全都是行銷賦予的感知價值。也因此，站在消費者的立場不禁感到好奇，到底每一瓶酒的成本是多少？尤其是一瓶熟陳50年的老酒，售價應該是多少才合理？

威士忌的成本不怎麼容易計算，雖然網路上可查到許多資料，如麥芽、酵母和橡木桶的價格，但生產時所需花費的能源、人力，以及熟陳所需的酒窖管理，若非實際營運則無從估算。至於產品開發、調和裝瓶後，所需的行銷花費更可能天差地遠，尤其是如50年老酒這種高端商品，無論是瓶身或包裝都必須請設計師精心打造，雖然都屬於為了提高商品感知價值的附屬設計，其花費可能遠遠高過於瓶中物，但仍屬於酒廠必須納入考量的成本項目。這一切，若非行銷、會計部門，就算是酒廠人員應該也一無所知。

雖說如此，好奇心破表的我還是明察暗訪出幾個數字，來源不必細究，否則可能招致「殺身之禍」。綜合這些資料，一瓶熟陳5～8年的麥芽威士忌成本大約落在250～350元台幣之間，若是穀物威士忌則更低，可能不到100元。成本差異來自酒廠的規模和營運方式，規模越大，原物料的成本越低，且大酒廠多採用自動化管理，不僅人力需求低，且能源使用效率高，在在都降低了生產成本。相對來講，小型酒廠從原物料到營運的每項花費都高，也因此成本約莫是大酒廠的2倍以上，這便是工藝酒廠的酒款售價普遍偏高的原因。

上面提及的成本數字不包括裝瓶、運送及上架所需的費用，這部分在工藝酒廠盛行的美國相對透明。下表是Distilling.com網站針對美國威士忌所做的成本分析，根據其概略計算，每一瓶經橡木桶熟成「超高等級」（Super Premium，約4年熟成）的酒，各項費用分攤後的成本約

15.12美金，網站的建議售價則為50美金，獲利確實可觀。

　　從表中可發現，酒本身的價格大約僅占所有成本的一半，台灣的酒稅又低，因此一瓶10年的麥芽威士忌若將售價訂為1,000元，大致符合市面上OB核心酒款的價格定位，酒商賺取合理利潤之外，也能為一般消費者所接受。

　　據此可以得到結論，如果不計商品附加的感知價值，表1的計算尚稱合理。也就是說，純粹從成本計算，一瓶50年老酒從產製到上架的費用大約為45,000元！

◈ 合理價格的指標

　　但是各位酒友們非常清楚，上述價格根本大違市場行情，絕對會遭來訕笑的目光，不過或許可以從另一個角度思考，今天的50年老酒是在何種情況下出現：

　　第一種，50年前某酒廠揮汗製酒時，已經打定主意要將這批新酒儲藏50年，因此享有特殊待遇，不僅花2倍的費用購買品質最優良的麥芽、多1倍的人力、汗水及時間去製作，而後灌注在不惜成本買回的橡

表3　威士忌的成本計算

項目	43%, 750 ml
酒（含木桶分攤費用）	7.5
酒瓶	2.5
酒標	0.3
酒標申請費用	0.4
瓶塞	0.38
瓶塞標籤	0.05
熱封	0.04
紙箱（6瓶裝）	0.5
紙箱標籤	0.35
人事處理費	0.15
原料輸入運送費	0.15
產品輸出運送費	0.5
小計	12.82
聯邦貨物稅	2.3
合計	15.12

（單位：美元）

木桶，再以10倍的謹慎注意時時盯著這批熟陳中的橡木桶，最後去蕪存菁的僅存幾桶；還是——

　　第二種，酒廠的行銷會議上，某位行銷人員舉手發言：「近來市場大好，剛好酒窖裡有1個已經接近50年的桶子，所以我們來聘請知名的設計師，打造出精美的瓶身和包裝，用限量方式賣個天價如何？」一致表決通過，著手進行。

　　以上哪一種情形比較合理？

　　由於抽籤結果遲遲未公佈，我原本以為這項大樂透摸彩因東奧延期而暫緩，不料在2020年8月21日的香港邦翰斯拍賣場竟然出現了這瓶酒，但刻意隱去刻在瓶身上的名字，因此無法得知酒主。根據邦翰斯網路上的拍賣訊息，本來預估價格保守的落在港幣58萬～78萬港元之間，但最終以驚死人的500萬港元落槌，若加上佣金，買方得付出620萬港元，而賣方可獲得400萬港元以上，相當於台幣1,520萬元。也就是說，拋出這支酒的賣家可在短短2個月內獲利近20倍！

　　先不論有違酒廠美意的拍賣行為（至少多等個幾年吧？！），即便以原本售價來看，新台幣83萬也大約是成本的10倍以上！山崎蒸餾所是首屈一指的日本酒廠，國際行情驚人，不可能不知道這幾年的拍賣價格，以及酒款釋出後的炒作行情，但如此溫良恭儉讓的訂價，顯然對酒廠而言，已經滿足55年長期等待後的預期獲利，同時也兼顧了老字號酒廠的形象。因此酒友們不妨將這個價格當作基準，超過這個價格太多，於我觀之，便是大大的不合理了。

WHISKY
22

這支酒值不值得收

「這是系列酒款的Batch No.1，全球限量，台灣只分配到500瓶，聽說還是初次裝填的雪莉桶，請問大師您認為這支酒值不值得收？」

　　有關買酒這檔事，我於威士忌啟蒙階段就受到良好的教育，對於喜愛的酒一次須買3瓶，其中1瓶開來自己喝或與朋友共享，1瓶可用來與酒友交換，剩下的1瓶則珍藏起來，或許幾年後再度回味，或許⋯⋯？

　　最後的問號當年未曾質疑，因為10多年前沒有人能預料今日威士忌的盛況，所以從未思考過變賣的可能。雖說如此，我也沒遵照這個原則來買酒，身為領死薪水的打工仔，早年對百富12年都深感價格高不可攀，取一瓢飲已是萬幸，遑論一次搬3瓶回家？酒友間最常流傳「衣櫥」的笑話，無非證明就算想暗渡陳倉，3瓶之量也難逃太座大人的火眼金睛，只能少少的一瓶一瓶拎回家，然後藏在不被注意的角落。

　　這就是我的悲涼買酒史。由於缺乏先見之明，至今手中存酒雖不乏已增值十數倍者，卻都是當年喝掉1瓶又多買1瓶後，捨不得再開的倖存者，又因為恪守「酒是拿來喝的」教條明訓，就讓這些酒繼續藏放在酒櫃裡，心中抱持著「選個黃道吉日再開」的想法，偶爾查看一下保存情況。這輩子唯一一次興起將威士忌當作投資標的念頭，目標是麥卡倫為紀念新酒廠開幕於2018年底上市的72年、全球限量600瓶，每瓶建議售價

60,000美元。這個價格當然超出我對「喝」的想像，卻很清楚麥卡倫在投資市場的身價，好不容易說服太座大人放手讓我一搏，但如果像我這種駑鈍之輩都有類似想法，何況全球千千萬萬的投資客？其中更不乏麥卡倫的超級VIP，所以只是空談，怨嘆自己一輩子沒有偏財運。

◈ 收酒的心態與目的

物慾是人類的基本天性，而收藏便是物慾的實踐，所以小到郵票、錢幣、公仔，大到手錶、古董、汽車，都有人窮極心力的收藏，大或小、便宜或貴重，端視收藏者的興趣和財力。我於上班途中經過的小巷某民宅，有個阿嬤將一樓店面和樓梯間全堆滿了廢棄雜物，於我們觀之根本是該請環保局清理的垃圾，但阿嬤依舊駝著背從四方運來再費心整理，對她而言，這也是收藏，就如同電影《魔戒》中的咕嚕不斷喃喃自語的"My precious……"其實已經偏離物慾，而是固執迷戀的心理因素。

所以威士忌也是讓人癡迷的收藏品之一，尤其是以「整套」為概念發行的酒款，更是讓酒癡酒迷不惜付出高昂代價來滿足整套收藏的成就感。想想看，當全套的雅柏單桶、麥卡倫「璀璨」、「珍稀」（Fine & Rare）系列、大摩「星宿」、百富DCS、1401及1858桶，或是羽生「撲克牌」系列，這些知名的系列酒款若能一字排開在自家酒櫃上，其堂皇絢麗絕對讓參訪的賓客瞠目結舌、不敢逼視。便是這種追逐心態，酒商們樂此不疲的推出各式各樣的系列酒款，因為對於收藏者而言，收了第一支絕對得收第二支，而後持續砸錢直到天荒地老，行銷只須打響第一炮，其後煩惱的是如何因應各方湧來的收藏要求。

我不懂收藏心態，尤其是完全不知酒中風味的展示性收藏，製酒師辛苦生產調製的酒，不應該只是放在華麗精美的水晶瓶或木盒裡供人瞻

仰，只是在如此高昂的價格下，能開瓶者幾稀？或許「共享」是個能同時滿足收藏及品飲的好辦法。麥卡倫「璀璨系列」全套6瓶，雖久未現蹤於拍賣場，但私下成交行情早已超過千萬台幣，卻於2018年1月在大陸寧波舉辦品鑑會，號召了35人參加，每人的參加費用為7.2萬人民幣（約合台幣30萬元）；全套54瓶羽生撲克牌系列（Hanyu Ichiro's Full Card），2019年8月於香港的邦翰斯拍賣會上以港幣7,190,000售出（約台幣2,751萬，平均51萬/瓶），創下了日本威士忌系列的天價。2020年3月本來在香港瑰麗酒店以系列全套（少了2張鬼牌）舉辦一場品鑑會，每位參加者需繳交158,000港幣（含午餐及住宿，約合台幣585,000元），但因新冠疫情而作罷。這兩場超級奢華的品酒會，吾等升斗小民只能望酒垂涎，不過至少開了也喝了，其中滋味如何、是不是符合酒的身價？唯有參加者能知。

我有幸喝過麥卡倫「璀璨」系列中最老的65年，雖然只是Lalique水晶杯底淺淺的5ml左右，但是香氣幻化出纖美優柔的香草蜂蜜與淡淡的燒烤煙燻，少許草莓和蘋果，讓我完全放不下聞香的酒杯；入口油脂豐腴，大量蜂蜜、柑橘、乾果與麥芽甜，以及叫人驚訝的燒烤橡木桶與煙燻，和漫延繚繞在尾韻裡的咖啡、黑巧克力。這種種迷人的滋味，若不開瓶，則永遠沉埋在瓶中不為人知。

所以收酒的目的對我而言應該很清楚了，無非是趁著市場有貨且價格合宜時下手，避免日後捶胸頓足的懊惱怨嘆──這種憾事，自我踏入威士忌世界以來從來沒有停過。但也因為如此，我毫無資格來談論「這支酒值不值得收」的課題，偏偏時常會有冒失的酒友提出，尤其是針對某些浪潮尖上的酒款。我的答案很簡單，如果為了喝，那麼喜歡就收，終究威士忌價格持續攀升，未來不一定能以相同價格買到；但如果只為了投資，我也不會高舉道德大纛用力鞭斥，只是奉勸投資者須要好好作功課，就像股票一般，唯有花費心思研究才有可能獲利。

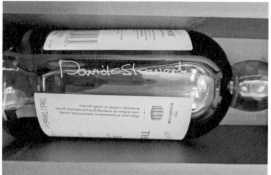

2019年拍出天價的山崎50年第一版
（圖片提供／羅芙奧）

百富Doublewood25週年，大衛・史都華簽名

香港Club Qing陳設的全套羽生撲克牌系列

◈ 威士忌投資必須做的功課

　　儘管多少人大聲疾呼「酒是拿來喝的」，但不可諱言，今日威士忌已經成為全球投資客重要的投資工具之一。舉例而言，The Platinum Whisky Investment Fund私募基金於2014年在香港成立，總共募集了1,200萬美金，目前擁有超過9,000瓶珍稀威士忌；英國兩位「雙耳小酒杯持護者」共同創立了Rare Whisky 101（RW101），成為全球第一家威士忌經紀、評估、開發和品牌定位的諮詢公司，自2010年起收集了49,572款威士忌、共計509,873筆的交易資料（至2020/06），建立包括Icon 100、Japa2nese Iicon 100、RW Apex、RW Negative及Vintage 50等各種評估威士忌價格漲跌的指數；Single Malt Fund於2018年在瑞典斯德哥爾摩上市，成為全球第一家以珍稀單一麥芽威士忌為投資標的並公開發行的基金。

　　威士忌的投資效益如何？總部位於倫敦的全球資產顧問公司Knight Frank於2019年的報告中，列舉了過去10年各種奢侈品的投資累積獲利，其中威士忌以582%的漲幅將其他奢侈品遠遠拋之在後，第二名的古董汽車還不及威士忌的一半。10年5倍以上的漲幅驚不驚人？從長期持有的角度觀之相當驚人，但若與近年來威士忌拍賣價格動輒十數倍或甚至數十倍的漲幅比較，只能算是「穩健」而已。無怪乎想靠威士忌致富的酒友躍躍欲試，更是許多酒友沒頭蒼蠅式的亂問「這支酒值不值得收」的原因。只是身為個體戶，缺少專業理財顧問的評估分析，酒友們的投資不一定能如預期般獲利，而如果想至少保本，應該認真思考以下幾件事：

1. 多做研究

　　開始收藏之前必須先針對威士忌和威士忌市場進行研究，找出需求較高的酒款品牌或版本，但更重要的是找出自己最喜愛的品項，才能讓收藏、投資與興趣相互結合。越深入了解特定主題，越能決定投資方

向，而且萬一投資不如預期，至少還有喜愛的酒可以喝。除此之外，由於威士忌的需求不斷增長，逐漸醞釀成犯罪溫床，市場上越來越多貼標假酒，如果研究不夠深入，絕對是賠了夫人又折兵的下場，這部分將另闢章節來好好探討。

如何著手進行研究？挑一間你感興趣的酒廠，將歷史底細摸清楚，也包括過去的歷史性裝瓶。某些眾所矚目的酒廠如波特艾倫、麥卡倫、山崎等，因曝光度太高，收藏不易，此時更顯研究的重要性，如何找出下一款珍寶，端看收藏者的眼光。不過蒐集裝瓶資料並不是一件容易的事，因為酒廠通常都會對不同市場做特殊性裝瓶，從酒標、封籤到紙盒包裝都可能與正常發行的常態版不同，缺少廣泛的研究，往往將發生遺珠憾事。

此外，威士忌的製作規範在歷史長河中多作更迭，如「橡」木桶的使用是在1990年才確定，如果看到"wood cask"，可以合理猜測不是在橡木桶中熟陳；又如1970到1980年代，許多酒廠使用一種經蒸煮濃縮後的雪莉糖漿paxarette來活化木桶，直到1989年才被禁止，如果在酒標上看到"wine treated barrel"大概就是paxarette。這些資料都有助於收藏者辨明酒款的年代，以及當時的製作方式，當然還有真偽之分。

2. 保持耐心並好好保存

奢侈品的價值大多建立在稀有性上，若以股市「當沖」的方式來操作，很容易將品牌玩壞。舉例而言，麥卡倫酒廠於2018年8月14日發生一件讓人嘖嘖稱奇的怪事，一早超過250輛汽車將鄰近道路塞得水洩不通，原因在於當天將釋出紀念新酒廠開幕的特殊款Genesis，總量2,500瓶中的360瓶在酒廠以先到先贏的方式銷售，無酒齡標示，495英鎊的價格並不便宜，但隨即秒殺。兩星期後，這支酒在拍賣網上叫價5,000英鎊，但是當上

百支Genesis在一個月內蜂擁而至拍賣網站之後，價格快速滑落到1,500英鎊。

　　上述案例並不陌生，台灣類似炒短線的情況層出不窮，而這種蠅頭小利時常讓品牌背負坐地漲價的無辜臭名，也破壞了品牌形象，絕不是具有策略的投資者所當為。假若能將時間拉長到5年、10年或甚至20年，原來的品項將變得十分稀有，成為經時光洗滌後的古老珍寶，而時時捲土重來的「懷舊」氛圍也會讓威士忌變得更有價值。所以如果能保持耐心靜心等候，那麼收穫將更為豐碩。

　　以酒類而言，威士忌比葡萄酒更容易儲存，但如果想長時間保存威士忌，那麼有一些細節仍必須多加考慮。基本上，由於威士忌使用的軟木塞不像葡萄酒那樣緊密，因此須直立存放以避免滲漏，且為了避免長期儲存導致的失酒，最好使用不透氣的封口膜如parafilm，將任何可能讓酒液蒸散的部位緊緊纏繞。酒瓶需藏放於陰涼乾燥的地方，一方面絕禁陽光直射，一方面確保存儲溫度低於室溫，避免酒標、封籤因溼度影響而發霉損壞。至於購買時原廠的包裝、說明或其他文件也都須一併保管良好。有趣的是，酒友誤以為若能取得大師在瓶身上簽名可提高拍賣價格，但結果恰好相反，簽名紀念瓶留作傳家寶更為適宜。

3. 放眼全球市場

　　威士忌已經是全球矚目的奢侈品，當然不可能只有台灣人看得到，事實上，當我還在懵懵懂懂的「有酒當喝直須喝」時，精明的RW101已經開始收集交易資料。因為如此，全球各地對優質威士忌的需求不斷增長，部分來自亞洲，更大部分來自擁有歷史文化淵源的歐洲發燒友，他們比亞洲人擁有更長期的品飲和收集稀有威士忌的經驗，加上部分地區突然增長的財富所觸發的威士忌熱潮，成為威士忌價格持續上漲的主因之一。當然，另一個原因就是越來越多的人開始將威士忌視為一項不錯的投資，從而迅速增加了需求。

⊗ 假酒事件

　　酒友們如果不健忘，應該還記得2017年大陸知名網路作家「唐家三少」在瑞士Waldhaus Hotel的酒吧所開的那瓶1878年麥卡倫，單杯9,999瑞士法郎（約合32萬台幣）。根據酒吧老闆的描述，這支酒「**聞起來有高年份干邑白蘭地的感覺，入口是甜美的雪莉桶氣息**」。只不過消息在網路披露後，我們熟悉的瑟佶大叔馬上看出不對勁，因為一、酒標上的字樣很可疑，Roderick Kemp從來沒有同時擁有過Macallan和Talisker兩家酒廠，這兩家酒廠也沒有聯合蒸餾過；二、軟木塞的狀態過於良好，真正的百年老塞應該會萎縮脆化。果不其然，這瓶酒的樣品送到牛津大學實驗室進行鑑定後發現，瓶中酒液可能蒸餾於1970～1972年間，而且也不全然是麥芽威士忌，酒液調和了60%的麥芽和40%的穀物威士忌。

　　這事件以退錢和平落幕，旅館老闆才是真正受害者，因為他根本不知道原本僅作為酒吧收藏展示、不對外販售單杯的老麥卡倫居然是假酒。不過我對鑑定報告的判定存有疑問，因為如果深入研究二十世紀以前的酒款，可以知道當時的酒幾乎都不完全是麥芽威士忌，調和的可能性大很多。

　　假酒問題隨著威士忌拍賣價格的上漲和市場的擴大而越演越烈，但到底有多嚴重？根據已關站的Scotchwhisky.com專欄作家Richard Woodard的估計，全球銷售的假酒已經成為一個高達數百萬英鎊的行業。另外根據RW101的非正式統計，全球大概有超過價值4千萬英鎊的假酒在四處流竄，相當於英國2018年拍賣金額的總數。而且在過去3年內，RW101蒐集了294瓶、總價約6.6百萬英鎊的假酒資料，其中包括2個全套麥卡倫「珍稀」系列，他們也曾將55瓶酒交給蘇格蘭大學的環境研究中心（SU-ERC）進行化驗，發現其中21瓶都是假酒，包括所有1900年以前裝瓶的

酒。最讓他們憂心的是大量麥卡倫30年藍標假酒，全都來自義大利，暗示著集團操作的可能。因為假酒如此氾濫，根據馬路消息，台灣的羅芙奧拍賣場已經不再接受任何麥卡倫「珍稀」系列的委託。

珍稀麥卡倫1950年份款　　不容易收集齊全的麥卡倫Edition系列

◈ 分辨假酒

不過酒的真偽不是那麼容易判定，即便在麥卡倫1878年事件中，眼光銳利的瑟佶立即根據照片提出質疑，仍需要更多實驗證據來證明。RW101在2016年從拍賣場購入一瓶據稱是最古老的拉弗格1903，因心中存疑而送到實驗室化驗，檢查的項目包括使用「碳十四定年法」來檢驗玻璃瓶和酒液可能的年份，並針對瓶塞進行年代評估，同時也化驗8種酚類化合物的含量以及麥芽及穀物含量，再追加感官判釋，最後發現這支酒同樣也是調和式威士忌，而且是在2007～2009年間製作，比酒標上的年份晚了約100年。

　　通常規模較大、組織嚴謹的拍賣場或拍賣網，都會僱用一批專家，從物理性外觀的檢視和科學檢驗，到諮詢珍稀威士忌專家和特殊酒款的收藏者，來協助辨別酒款的真偽。當然他們也持續蒐集、比對所有曾被識別為假酒的資料，用以防堵假酒、避免敗壞自家形象。但即便經過拍賣場的檢視，或精明如RW101，偶而仍會有漏網之魚拍出高價，更何況未透過專業拍賣的私下交易，除非購買的收藏者本身就是專家，否則很難防杜假酒的流竄。

　　另外值得注意的是，近年來重新貼上酒標的酒款逐漸增多，尤其是對岸更為嚴重，成為另外一種假酒型式。酒友們應該知道，各國威士忌規範都會針對酒標作出嚴格規定，包括可標示及不可標示的內容，而所有的酒款在裝瓶前，都必須將設計完成的酒標依法規要求自我審查，或者送相關單位審核。假若進口商或私人買入一批酒之後，撕去舊標換貼自行設計、製作的酒標，或是貼上新標掩蓋舊標，對消費者而言完全失去保障，因為無論是酒齡、年份或甚至酒廠名稱都可能作假，原廠相隔遙遠，很難派人追尋酒標內容，其真偽無人查驗。

　　消費者面對上述現象該如何自保？分辨製作嚴謹的假酒十分困難，即便是酒廠通常也不願介入，最好的方式必須開瓶，憑藉著高明的感官辨識或科學檢驗來評斷。只不過一旦開瓶就失去轉手的可能，所以除非是財力雄厚的投資集團如RW101，一般投資者就算是懷疑，也不願貿然開瓶驗證，也因此唯一的策略就是選擇有信用的酒商及拍賣網，萬一事後發現假酒，至少不會求償無門。至於貼標假酒，除了檢視外觀是否有重新貼標的痕跡外，也可以去信向原廠求證，對於同樣痛恨貼標酒的酒廠、酒公司而言，絕對會鼎力協助。

◈ 所以，這支酒值不值得收？

RW101根據最常交易的1,000款蘇格蘭威士忌建立了APEX1000指數，而這項指數在2019年的年度報告中顯示，2019年是近5年來投資報酬率最低的一年。至於2020年因COVID-19新冠病毒黑天鵝的襲擊，全球經濟大跌，身為奢侈品的威士忌不可能自免於外，個人猜測投資報酬率極可能負成長，接下來會怎麼走？老實說，沒有人能說得清。

因此我無法回答酒友收或不收的問題，但是謹記，「收藏」與「投資」是兩回事，除了心態初衷不同，更不是所有的珍稀收藏都能投資獲利。了解了這一點，下回如果喝到讓你大為傾倒的好酒，價格又不致影響生計和家庭和諧，不妨採用一次買3瓶的策略，才不會發生日後捶胸頓足的憾事。

小酒廠會不會泡沫化

「請問目前蘇格蘭擁有最小蒸餾器的合法酒廠是哪一間？」

這是朋友私下詢問我的冷門知識，孤陋寡聞的我當然不清楚，印象裡存在Strathern的印象，不過朋友認為是Loch Ewe，蒸餾器超級迷你到僅有120公升，但在2017年已經關廠了。

Loch Ewe？大部分的酒友應該同我一樣滿臉問號？幸虧有谷歌大神和維基百科可問，所以我終於瞭解，這是一間成立於2005年、由旅館旁車庫改建的小酒廠，號稱「洞穴裡的蒸餾廠」（Distillery in a Cave）。最初籌設的資金僅有5萬英鎊，採用的是2支每批次只能填注120公升的超小型直火蒸餾器，但由於尺寸遠小於英國蒸餾法規所要求的1,800公升，廠主繞道從1786年的《酒汁法》中找出漏洞，幾經鬥法終於在申請3年之後取得蒸餾執照，而這個漏洞也馬上被填補。

廠主曾在Bladnoch學習蒸餾技術，不過卻師法十七、十八世紀的私釀者，一切作業都回歸到克難古法。糖化時先在蒸餾器內裝滿水，以火柴點火燃燒木柴把水加熱到65℃，倒入磨碎的麥芽揮汗攪拌3小時，再將麥汁撈出放入發酵桶內進行3天的發酵，蒸餾時則由人工判斷酒心切點。依照這種純手工方式，每年的產量不到600公升，絕大部分的新酒放入2～4加侖的橡木桶中熟陳6個星期後裝瓶，也歡迎遊客參與製酒，可抱回5公升的橡木桶自行熟陳。

◈ 農莊式經營的浪漫風潮

這種回歸農莊式經營的製法，不僅浪漫，也是針對現代動輒上千萬LPA產量的「莫比敵」（Moby Dick）大酒廠所觸動的反思。我曾經整理蘇格蘭在2000年之後新建的酒廠如附表所示，到2019年底，總共成立了33間酒廠，成為威士忌產業數百年來最大的爆發潮。先不談爆發威力底部的泡沫化隱憂，也不論大酒廠支持的衛星酒廠，小型工藝酒廠可說各展奇技，或在原料、製程上做出改變，又或者力求環保綠能，除了可能的資金因素，也是搏眼球的行銷招數。

在種種創新技術之中，「回歸傳統」一直擁有極佳的號召力，但Loch Ewe不是第一間，因為在2005年Daftmill（我私心譯作「德夫磨坊」）已經開始生產，而且因廠主家族本來就在廠址種植大麥，是不折不扣的農夫，讓Daftmill成為蘇格蘭百多年來第一間農莊酒廠。有第一當然有第二，我曾於2015年造訪的Ballindalloch，剛好在前一年開始蒸餾，廠主是位與英國皇室交好的貴族，擁有鄰近廣大的農地，雖然不可能自行下田耕種，但勉勉強強也可以歸類為農莊酒廠。但接下來經營Arbikie酒廠的家族，從十七世紀以來便務農至今，三兄弟合力興建的酒廠先以馬鈴薯製作伏特加，而後是琴酒，2015年開始全力釀製威士忌，成為蘇格蘭第三間農莊酒廠。

從邁入二十一世紀以來，33間新興酒廠中有大公司撐腰者，如格蘭父子的Ailsa Bay、帝亞吉歐的Roseisle、以及保樂力加的Dalmunach，因為背後金主財大勢大，開出來的產能都是千萬LPA起跳。但更多的是小酒廠，年均產能在10萬LPA以下者就有8間，可謂小中之小，若以100萬LPA作為中級酒廠的門檻，那麼全蘇格蘭新興33間酒廠中的26間都屬於小型。給酒友一個比較基準，台灣的南投酒廠目前產量略低於35萬LPA，據此可知小酒廠的規模了。

蘇格蘭自2000年成立以來之麥芽威士忌酒廠

編號	蒸餾廠	成立	產區	產能（LPA）
1	Glengyle	2004	Campbeltown	750,000
2	Kilchoman	2005	艾雷島	480,000
3	Daftmill	2005	低地	65,000
4	Loch Ewe	2006	高地	600
5	Ailsa Bay	2007	低地	12,000,000
6	Abhainn Dearg	2008	島嶼（Lewis）	20,000
7	Roseisle	2009	高地	12,500,000
8	Wolfburn	2013	北高地	135,000
9	Strathearn	2013	南高地	30,000
10	Kingsbarns	2014	低地	600,000
11	Ballindalloch	2014	斯貝賽	100,000
12	Ardnamurchan	2014	西高地	500,000
13	Annandale	2014	低地	500,000
14	Eden Mill	2014	低地	100,000
15	Inchdairnie	2015	低地	2,000,000
16	Dalmunach	2015	斯貝賽	10,000,000
17	Glasgow	2015	低地	270,000

編號	蒸餾廠	成立	產區	產能（LPA）
18	Harris	2015	島嶼（Harris）	399,000
19	Arbikie	2015	東高地	200,000
20	Lone Wolf	2016	高地	450,000
21	Brew Dog	2016	高地	450,000
22	Dornoch	2016	北高地	30,000
23	Torabhaig	2016	島嶼（Skye）	500,000
24	Isle of Raasay	2017	島嶼（Raasay）	200,000
25	Lindores Abbey	2017	低地	260,000
26	The Clydeside	2017	低地	500,000
27	Ncn'ean	2017	西高地	100,000
28	The Borders	2017	低地	2,000,000
29	Ardnahoe	2017	艾雷島	1,000,000
30	Aberargie	2017	低地	750,000
31	GlenWyvis	2017	高地	140,000
32	Ardross	2019	北高地	1,000,000
33	Lagg	2019	島嶼（Arran）	750,000
34	Holyrood	2019	低地	250,000

台灣的合力小酒廠

◈ 小酒廠的生存考驗

　　胼手胝足的小酒廠經營絕非易事，尤其是二十一世紀以來的大爆發又急又快，全世界都在等著看泡沫化的可能。就以Loch Ewe來講， 2015年公開出售，預定售價為75萬英鎊，傳言日本、美國、歐洲多位買主都有興趣，但最終還是乏人問津，只得在2017年黯然關廠。不過Loch Ewe不是個好例子，外售的原因是廠主年事已高想告老還鄉，但小酒廠普遍存在隱憂卻是不爭的事實。

　　成本結構是其中之一。酒廠成立之初，必須添購從鍋爐、槽體、蒸餾器到廠房等一系列的設備和管線，這些初期成本費用就算每年攤提，換算下來負擔並不輕。其次是維持營運所需的原物料，包括穀物、酵母和橡木桶等，因為規模小，這些原物料的用量不大，很難像大酒廠一樣

可以和銷售商談得較優惠的價格。此外，酒廠運作所需的能源支出，雖然消費者無感，卻是原物料以外的第二大項支出，但對於規模迷你的小酒廠而言，建廠時不容易進行全廠能源規劃，所以較為浪費，也增加額外負擔。以上的費用經整體盤算後，小酒廠的製酒費用硬是比大酒廠高上一截，無怪乎裝瓶售價跟著水漲船高，阻卻了一部分的消費者。

行銷也是一個難題。由於缺乏行銷費用，無法採用在傳統紙媒或電子媒體大打廣告的行銷方式，參加酒展、舉辦品酒活動通通都要錢，想上架一般酒專通路，同樣面臨經銷、上架費用的窘境，唯一可行的只剩下口耳相傳的口碑行銷。當然，今日的社群媒體提供相對便宜且便利的行銷管道，不過小酒廠通常缺乏足夠的人力去經營，常常是製酒師一邊揮汗做酒，一邊兼網站小編，想辦法回覆各種稀奇古怪的問題，很難一心兩用、面面俱到。

其實更大的問題是如何長期維持消費者的熱度和黏度。今天的小型工藝酒廠常以歷史人物、農莊、磨坊、酒廠的因緣來激發消費者思古之幽情，或是強調有機、在地風土以及與土地的連結，又或者著重從原料（穀物、酵母菌種）到製作（遵古法、純手工）到橡木桶（小桶或其他橡木）的特殊工藝，才能在大酒廠環伺的險惡狀態中殺出。這種策略短期點燃消費者的熱度有效，因為貪好新鮮的酒友習慣四處獵奇，只要市面上出現沒見過的酒款，便千方百計的想喝到或取得。但是這種消費者通常沒有忠誠度，嘗鮮後假如不如預期，輕則撇頭離去，重則毫不留情的批評，成為小酒廠能否繼續生存的終極考驗。

小酒廠常用的混血式蒸餾器（攝於噶瑪蘭）

2013年成立的Ardnamurchan酒廠

（圖片提供／豪邁國際）

◈ 沒有富爸爸，小酒廠的生存之道

有關製作成本以及缺錢行銷的困境，除非銜著金湯匙出生，又或者是找到富爸爸，基本上很難有解。不過小酒廠自有其脫貧的本領，譬如：

◦ 販售陳年中的單桶：

應該是最多酒廠使用的方法，在不足齡而無法裝瓶出售的情況下，直接先賣單桶，但暫存在酒窖內，一般是以10年為期，價錢包括熟陳期間的倉儲費用，裝瓶可能另計。酒廠通常會定期寄送樣品給購買者，讓「桶主」掌握熟陳狀況，等按契約期滿，可裝瓶也可繼續陳年，但後續的倉儲費則需另議。

◦ 眾籌：

其實與上述方法相近，只是換個比較時髦的名稱。舉Dornoch為例，酒廠在2016年設立時進行第一次眾籌，吸引了250位投資者，也募集了25萬英鎊的資金，目前正在進行第二次，有興趣的酒友不妨到官網上查看，但是Oloroso雪莉桶已經售罄，不過50及100公升的波本桶仍可購買，價格分別為2,000及4,000英鎊，包括5年的倉儲費用。

◦ 販售新酒或不滿3年的「烈酒」：

少部分酒廠等不及熟陳3年，必須立即拿新酒變現，因此將新酒或是不滿3年的酒裝瓶銷售，一方面展示自我的風味特性，一方面讓消費者熟悉品牌。不過我以為這種方式效果有限，終究絕大部分的消費者依舊在意酒齡。

生產其他不需要陳年的酒種：

　　如伏特加、琴酒等白色烈酒，這也是工藝酒廠極度流行混血式蒸餾器（hybrid still）的原因。嚴格說來，這種蒸餾器仍屬於批次蒸餾，但擁有內部裝設多層蒸餾板的蒸餾柱，可做出高於90%酒精度的新酒，也可做一般壺式蒸餾器的新酒，進可攻、退可守，堪稱妙用無窮。

裝瓶商：

　　其實就是買回其他酒廠生產的酒，換成自我品牌銷售，可在自製酒款釋出前，先行打造品牌形象，讓消費者熟悉品牌名聲。

　　以上各種方式或許可解燃眉之急，讓新興酒廠生存到正式裝瓶上市，不過真正的考驗從這時候才開始。消費者聽故事、憑熱情，可能買單一次、兩次，等到第三次，故事已經不新鮮，而熱情也消磨，能不掉頭離去嗎？

　　酒質當然是關鍵，酒不好，編撰再多感人的故事都沒用，酒夠好，但價高（小酒廠的成本確實比較高），便須要長年不斷的提供維持熱度的酒款。小酒廠的優勢貴在靈活，無須墨守老祖宗百年傳承的成規或窠臼，以真正的小批次方式（大酒廠的小批次動輒成千上萬瓶）釋出實驗性酒款，持續點燃消費者追求新奇玩意兒的熱情，只要熱度不減，黏度自然產生。但必須注意的是市場獨特性，如果只是仿效他人或是被他人仿效而失去了獨特性，那麼很容易淹沒在市場進而消失。

　　瑞典的高岸酒廠是個極佳案例，由於不受蘇格蘭老大哥的限制，從原料到橡木桶都可大玩特玩，而且以最透明的方式與酒友溝通，讓消費者趨之若鶩。台灣的南投酒廠也是，占了以水果酒起家的優勢裝出各式水果酒桶，他廠毫無能力模仿，可惜過去極透明的溝通方式漸趨保守而讓我百思不解，如果酒廠擁有獨家、不怕人仿的技術，又何懼於公開？

◈ 小酒廠會泡沫化嗎？

今天我們看到的眾多小酒廠，真正釋出的裝瓶並不多。最早現身台灣的可能是沃富奔（Wolfburn），酒廠經理曾在2016年來台，我從他身上挖到不少實際製酒的知識細節。艾德麥康（Ardnamurchan）背後是知名裝瓶商艾德（Adelphi），從2016年開始裝出的AD系列，因熟成時間不足而不能稱為威士忌，不過2020已推出首發，網路直播品酒會一炮而紅。

德夫磨坊（Daftmill）苦守寒窯十二載後，搭著百年來第一間農莊酒廠的名聲，2018年推出的"Inaugural Release"即使牌價貴到翻天，卻依舊全球秒殺，檯面下的價格據說已飆漲3、4倍，成為炒家覬覦的肥肉。至於2019年底裝出的「帝夢」（Kingsbarns），資金來自裝瓶商Wemyss，最引我注意的是使用已故大師Jim Swan獨家發明的STR重製桶，打著Dream to Dram的口號，實踐了家族製酒的夢想。最後的Dornoch在2020年初剛剛來到台灣，除了麥芽以外，其餘工法完全以有機方式回歸傳統，雖然威士忌裝瓶還要等候幾年，但我曾喝過新酒，乾淨甜美的水果滋味非常值得期待。

蘇格蘭百年來第一間農莊酒廠「德夫磨坊」
（圖片提供／嘉馥貿易）

　　所以情況是，絕大部分新興小酒廠成立的時間都在2013年以後，目前酒都還沒釋出，此時評斷不夠客觀。不過小酒廠沒有主導潮流的能力，當威士忌風潮因黑天鵝或灰犀牛事件而反轉，小酒廠是否將因潮流退去而突然發現自己沒穿褲子？或是由於彈性好、應變能力強，反而存活下來，就如同6,600萬年前恐龍大滅絕後的小哺乳動物，成功開啟了上場獨霸的新時代？

　　2020年的新冠肺炎COVID-19不只是一隻橫掃全球的黑天鵝，而且也轉變為逐漸逼近的灰犀牛。疫情最初限於大陸地區，而後很快就橫掃掉以輕心的歐美，封城令下，酒廠紛紛關閉，上下游供應鏈也一一斷裂，酒進不來，就算進來也銷不出去，因為人群聚集的酒店、酒吧門前冷落車馬稀，酒展、狂歡節、嘉年華或甚至品酒會都暫緩或取消，而全球第二大的免稅市場因鎖國令而滅頂。10年來的榮景讓泡沫吹得越來越大，也讓倉庫裡的儲存量達到前所未有的新高，是否將因這隻黑天鵝或灰犀牛而迎來產業的第三次大蕭條？

　　我倒不致太過悲觀，目前歐美各國的酒廠紛紛轉型製作起酒精洗手劑，例如美國的工藝酒廠協會（American Craft Spirits Association, ACSA）持續指導會員如何因應變革，很顯然在這一波疫情下，小酒廠有能力發揮彈性應變能力，是一般僅採用壺式蒸餾器的蘇格蘭大廠做不來的。況且，終究疫情不會延續3、5年，等疫情過去、供應鏈回穩，而經濟也逐漸反轉活潑時，酒類的需求將隨之觸底反彈，如此一來，泡沫化陰影可能以「軟著陸」方式消弭。只不過對小酒廠而言，「軟著陸」絕不是個好消息，大泡沫消風成小泡沫時，總有某些資金周轉不靈的酒廠因此消失或被收購。只能冀望一方面酒友們多多支持喜愛的酒廠，二來小酒廠也發揮靈活特性，利用hybrid蒸餾器來因應潮流轉變（如1970年代從棕色烈酒轉變為白色烈酒），或許能因禍得福也說不定。

WHISKY
24

達不達，沒關係

「我是擁有數百人的威士忌社團的領導人，對於你們的品牌具有極大的影響力，為什麼沒邀請我參加新品發表會？」

「我們經銷商和第一線的店家拚死拚活的為品牌賺進大把鈔票，為什麼品牌舉辦的奢華發表會都只找達人，卻沒有我們？」

「我在威士忌領域研究多年，對於台灣的威士忌酒圈有重要的貢獻，應該推薦我成為Keeper了吧？」

　　2019年秋季的「蘇格蘭雙耳小酒杯持護者」晚宴於10月舉行，我訝異的發現，大家都很熟悉的Rachel Barrie剛剛獲頒俗稱的Keeper資格。假若酒友們不熟悉Barrie博士，不妨讓我告訴你，她曾經在格蘭傑和雅柏酒廠擔任創意研發長達16年，而後於2012年加入MBD擔任首席調酒師，負責波摩、歐肯、拉弗格、格蘭蓋瑞和奧德摩爾等5間酒廠的調製工作，2017年再轉入美國最大的酒公司百富門（Brown-Forman）繼續擔任首席調酒師，負責的酒廠換作班瑞克、格蘭多納和格蘭格拉索（Glenglassaugh）。基於她長期在威士忌行業的貢獻，愛丁堡大學於2018年頒發榮譽博士學位給她，成為有史以來獲得這項榮譽的第一位女性，人稱「蘇格蘭威士忌第一夫人」（First Lady of Scotch）。

　　但是在我認識的名人裡，Rachel Barrie並非特例，其他同樣在威士忌

業界具有長足貢獻者，如《麥芽威士忌年鑑》的主編Ingvar Ronde，晚於我一年獲得Keeper資格；人人都尊崇的大師大衛‧史都華，與我在同一天獲頒Master Keeper，卻是在他入行50年後。這幾位資歷深而長的大師，在業界堪稱「喊水會結凍」，居然遲到這麼晚才成為Keeper的一員，不禁讓我冷汗直流，因為如我這般喝過幾年酒的酒友不知凡幾，何德何能拿著Keeper招牌到處招搖蹭酒？

◈ 尊榮的Keeper頭銜

或許是受到過多傳統教育荼毒，對於今日網紅世代大鳴大放的張顯自我方式感覺扭捏不安，所以時時反省自我，對於過早獲得的榮譽甚感不安。不過就我瞭解，那些遲來榮譽的業界翹楚們並不覺得委屈，也不覺得Keeper能增添自己多少尊榮，因為依照The Keepers of the Quaich組織章程，其成立的宗旨在於：

1. 提高本土及全球消費者對蘇格蘭威士忌的興趣，並提升蘇格蘭威士忌的價值和聲望。

2. 促使全球酒類意見領袖花費更多的時間和精力來提振蘇格蘭威士忌的銷售量。

3. 獎勵從事蘇格蘭威士忌產業有功的個人。

4. 激勵大眾媒體對蘇格蘭威士忌採更有利以及更正面的報導。

5. 團結蘇格蘭威士忌產業的各方領域並增進其歸屬感。

從以上5項目標可看出，The Keepers of the Quaich是個純粹商業導向的組織，其成立的宗旨無非是提升蘇格蘭威士忌的銷售量，讓產業更為

壯大。為了達到這個目的，針對有功人員給予鼓勵是個直接有效的好辦法，所以每年春秋兩季，各由組織內的酒廠、公司舉薦最多50人成為終身會員，並經由晚宴進入這個大家庭，讓會員因此產生榮譽感及歸屬感，同時匯聚所有會員的向心力。至於哪些有功人員才能獲得舉薦？除了必須在蘇格蘭威士忌相關行業累積7年（2018年前為5年）資歷之外，考慮產業鏈下環環相扣、缺一不可的特性，無論是生產、行銷、業務或媒體教育等各方領域的個人均有同等資格，甚至在2018年秋季，這份榮譽頒予了從事不起眼，但攸關威士忌品質的軟木塞主要供應商。

這便是為什麼那些大師們不汲汲於成為Keeper的原因，他們早已經在這個大家庭內，休戚與共，榮辱與共，不會因多了一個頭銜而倍增榮耀，也不會因少了這個頭銜而抬不起頭，事實上，他們平時所獲得的尊崇遠遠超過頭銜。但是在華人社會裡，由於一般大眾對於Keeper組織不甚明瞭，尊之如神壇般的崇拜，所以Keeper頭銜成為有力的利基，可用來拓展名聲和業務，也因此成為走跳江湖必須爭取之物。

但酒友們千萬不要把我的意思弄擰了，以為商業導向的Keeper不值得尊重。在任何一個產業中，每個環節都同等重要，假若一開始的產品不好，空有厲害的行銷業務終究會讓消費者看破手腳；反之，假若產品夠好，但缺乏行銷推廣及業務能力，那麼也賣不進消費者的口袋；至於正確的觀念和知識，則有賴品牌大使和媒體作家的推廣。

只不過在某些酒友的觀念裡，總以為Keeper必定熱愛且熟知蘇格蘭威士忌的一切，而某些鑽研至深的專家達人，也以為憑藉著知識能力足以成為Keeper大家庭的一員，殊不知懂不懂、愛不愛威士忌與能不能成為Keeper並無絕對關係。我便認識幾位對威士忌認識不深、也不算喜愛的Keeper，譬如與我一同被舉薦為Keeper的兩位國外朋友，分別是喬治亞

共和國及非洲坦桑尼亞的代理商，他們在參訪酒廠時對製作細節毫無興趣，餐飲時對葡萄酒的喜好還高於威士忌，但其中奧妙關鍵，便是在進口經銷業務上，對蘇格蘭威士忌產業有所助益。

◈ 舉世皆達人，到底忠於誰？

比起大家都搞不清的神秘Keeper，「達人」這個源自日語的名詞更接地氣，也更容易產生混淆。若從字面上來講，達人指稱的是能在某項領域達到通透的專家，但成為中文慣用語之後，就變調為行銷名詞。所以各行各業都充斥著許多達人，有甜點達人、美妝達人、3C達人、攝影達人、紅酒達人、啤酒達人，當然也有威士忌達人，在網紅行銷的時代，一頂又一頂的達人高帽子毫不吝惜的祭出，至於這些人是不是真的已經通達涅槃彼岸，因為沒有也不會有認證機構，所以並不重要。

根據美國學者羅傑斯（E.M.Rogers）於1962年所提出的「創新擴散理論」（Diffusion of Innovations Theory），少部分人在面對新創事物前將比大部分人更勇於接受，若以占比人數繪製常態分佈曲線，可區分為創新者（Innovators）、早期採用者（Early Adopters）、早期多數（Early Majority）、後期多數（Late Majority）以及落伍者（Laggards）等5大類。我的行銷好朋友曾教導我，這套理論也適用於威士忌，但是他將目標受眾（TA）簡化為創新者、採用者和跟隨者，其比例大約為1：9：90。在行銷預算有限的情況下，具體實踐理論的最佳策略便是先觸及最小眾的創新者，利用他們的影響力將產品訊息擴散到早期採用者，而後再由早期採用者散佈到最大眾的跟隨者，就有如多層次的傳銷。所以重點在於如何分辨哪些創新者具有公眾影響力，以及如何將他們的影響力作最大化的擴散。當然，這套理論並非放諸四海皆準，所以不是每一家酒公司的

行銷模式都相同，假如兵多將廣、糧秣充足，那麼直接針對最大的族群打擊也十分合理。

　　從以上的理論來看，所謂「達人」只是行銷的一環，即便占有重要戰略地位，但依舊和達或不達沒有等號關係。威士忌圈最早經營達人的酒公司應該是台灣三得利，看準了威士忌風潮起飛的趨勢，以及日本威士忌推往國際的企圖心，約於2006年在台北舉辦了第一場「達人品酒會」來介紹山崎威士忌，被邀請的對象，正是引領台灣研究風氣的「台灣單一麥芽威士忌品酒研究社」的早期社員。當時通曉威士忌的本土酒友並不多，暗地裡卻有暗流湧動，也逐漸形成鑽研討論的風氣，幾位意見領袖很自然地成為指標性人物，也就是最早期的達人。

　　早期達人擁有極大的熱誠和使命感，由於資訊不足，所以認真的研讀得來不易的資訊並相互討論，同時在明日報、部落格或個人網站發表一篇篇心得感想，完全站在推廣角度而不沾任何利益色彩，在此種互相扶持、切磋的氣氛下，促使台灣威士忌的知識領域得以快速成長。但隨著越來越多的品牌進入台灣，酒商的行銷方式也越來越多元。這些行銷專家很快的發現，藉助威士忌達人來擴增品牌的聲量和能見度，發揮引導風味風格喜好的功效，比起將行銷預算灑在傳統紙媒或網路媒體，性價比高上許多，也因此越來越多的酒商採取這種行銷策略，導致為達人的需求量大增，尤其在近幾年，敏感的酒友應該可以發現酒商邀請的對象明顯增多。由於台灣是個極淺碟的市場，奇妙的達人現象很快的浮現，諸如：

* 各地不斷成立新的威士忌同好團體，每個團體都（號稱）擁有一定數量的支持者，所以憑著人氣向酒商暗示或乾脆直接私訊「為什麼沒邀請我？」

　　● 參加活動的達人大致都會依不言明的默契在媒體露出，酒商一般不會要求，但也有因不配合露出而被封殺的著名達人。

　　● 達人的媒體露出不一定是助力，也可能默默的轉化為阻力，原因是消費者看到達人們在高級餐廳吃香喝辣、三節收受餽贈，甚至還可能被招待到酒廠參訪，能不眼紅者幾希？除了拚命想躋身為達人，不被重視下，自然流言四起。

　　● 當達人們四處走闖，一日內可參加幾家不同酒商的活動，處處稱讚、各個叫好，看在酒商眼裡也逐漸不是滋味。由於行銷費用得花在刀口上，換算成KPI似乎成效不足，也因此討論起「達人的忠誠度」，完全忘記有忠誠度的達人不叫達人，而是簽約的品牌大使。

　　● 達人們的行徑讓經銷商、通路、酒專同樣不滿，他們認為酒商的銷售業績是由他們胼手胝足的一手撐起，但卻享受不到各種餐酒行銷活動、三節送禮或甚至招待到國外酒廠參觀等奉若上賓的一等禮遇。

　　有關最後一點，或許反彈聲浪大的經銷商、通路、酒專搞錯了對象，因為行銷歸行銷、業務歸業務，兩者分別在不同的預算科目下劃定KPI，也分別訂定不同的獎勵辦法。說穿了，今天的「達人」只不過是行銷的一環，越風光越能在媒體增加品牌曝光度，但終究都是表面虛榮，而相對的，業務的獎勵達人們看不到也吃不到，兩者涇渭分明，不需要彼此眼紅。

◈ 多少觸及才有效？新世代的KOL與網紅

　　除了「達人」之外，另外一個也常被使用的名稱是「意見領袖」（Key opinion leader, KOL）。說個笑話，某位認識的朋友曾針對威士忌達

達人品酒會，你能認出哪幾位？

人露出的觸及率進行蒐集分析，他根據美國經驗，以為至少20萬以上才配稱作KOL，卻沒想到台灣的淺碟現象十分嚴重，根本找不到20萬以上的觸及條件，只得將數字不斷往下修，最後發現只要1,000個觸及率便已夠資格稱為KOL。所以，「意見領袖」到底「領導」了多少人？

識見淺薄的我從這段笑談中學到了「觸及」新名詞，以臉書的演算法為例，手機滑過只要停留幾秒鐘便算觸及1次，並不需要真正點開內文觀看，這種寬鬆的算法，讓我邊滑著手機邊納悶，不知道自己又被算進多少大數據的統計資料內？朋友也告訴我，臉書上傳播的有效性，若依觸及率而言最有效的是直播，而後是影音，接下來依序是照片或圖片、文字以及分享，所以長篇大論的文字基本上已經失去宣傳效果。

　　不過有關「觸及」，得等到我於2020年2月在臉書開張了粉絲專頁「憑高酹酒此興悠哉」之後才算稍有領悟。這個粉專名稱沿自寫作不輟15年的部落格，原以為憑著我的「高人氣」與「高知名度」，粉絲人數應該輕而易舉的衝破萬人吧？很不幸的，歷經3個月勤寫了30來篇文章，粉絲數才好不容易破千，而貼文的最高觸及率為6,732人次，但根據FB的分析，真正點開內文的只有751次，加上408次的心情、留言和分享，所有互動次數共計1,159。所以，什麼叫「觸及」？

　　臉書的演算法是門大學問，由於推播機制更改頻繁而無人能解，成為社群媒體經營者的噩夢。不過在這個快速變動的網路時代，雖然臉書的月活量還是高居第一，但逐漸老化，年輕人多轉往IG、Youtube、Snapchat或抖音發展，平台上活躍的網紅所受的關注量動輒數十萬或上百萬，成為行銷必爭之地。

　　須怪不得酒商的操作，達人效應確實已逐日遞減，主要原因是同溫層現象。試想，當同一批達人、KOL的影響範圍難以再擴大，對於每年得訂定成長KPI的酒商而言，達人、KOL便有如食之無味、棄之可惜的雞肋，能維繫互動關係的僅存舊日情誼。無怪乎部分酒商採縮減政策，不再廣邀達人參加活動，而是與時俱進的開發更新、群眾基礎更廣大的網紅作置入或代言，即使網紅挾人氣要求較高的費用，但檯面上絕大多數的達人、KOL能觸及的對象，比起網紅的追隨數量根本瞠乎其後。

　　舉個真實案例：我於前文＜甜味在舌尖苦味在舌根＞中提及的「受騙上當的真實經驗」，被邀請或報名參加的對象近1,400人，但是當媒體、達人及其他參加者紛紛打卡上傳美照後，按讚數很正常的不多，頂多上百。但我驚訝的發現，幾位標明「#AD品牌邀約」的網紅——很抱歉，我都不認識——卻輕易募集到數萬個讚，比所有達人及KOL的讚數加

總都還要高出一大截，讓我驚訝得張大嘴巴完全闔不起來。

　　從這個的案例可以得到結論，透過網紅行銷，絕對能快速有效的觸及「創新擴散理論」中最大眾的「跟隨者」，其效率遠遠高過於從「創新者」著手，就算價碼偏高，卻是當今行銷最犀利也最好用的工具。如果拿KPI就事論事，這些網紅愛不愛酒、懂不懂酒，一點關係也沒有。

　　雖說如此，達人或KOL也無須氣餒，幸虧網紅不懂酒，所以還保有專業的一席之地，相較之下，如我這般一肚子不合時宜的文字工作者，能發揮的影響力可說微乎其微了。

◈ 說達人，誰是達人？

　　所以，我百般不願被稱作達人，因為在我陳腐冬烘的觀念裡，所謂「達」，必須像令人崇敬的大師Jim McEwan那般無所不知，業界曾用一段比喻讚譽他「Jim在威士忌界所不了解的事，大概用一張郵票的背面就可以寫完了」。自忖在威士忌學習路上，我不達之處比起已達多上太多，所以自創「不達人」一詞來自我調侃。至於今日的達人亂象，且看真正的達人Rachel Barrie如何向媒體發表Keeper感言：

　　「被選為Keeper是我職業生涯中非常自豪的一刻，由於這個組織匯集了來自世界各地的蘇格蘭威士忌領導者，因此擠身為其中一員倍感尊榮，讓我得以繼續努力來完善我們的宏偉職志。

　　在我的執業生涯中，一直希望能解開蘇格蘭威士忌製作的秘密，發展、培育出擁有豐富個性的威士忌與世界共享。我非常榮幸能因此而被認可，也非常感激公司的支持。

　　在布萊爾城堡（Blair Castle）舉行的儀式和晚宴，是一場對蘇格蘭威士忌的歌詠和歡慶，我們歡迎新任Keeper加入團體，以表彰他們對產業的服務和貢獻。我也經常想到，這個團體是全世界上最具包容性也最獨特的威士忌俱樂部，看到產業裡傑出的新人入選Keeper，永遠是最美好的時刻。」

Keeper晚宴桌上擺置的雙耳小酒杯

2015年Keeper晚宴格蘭父子公司全員大集合

第 III 篇

威士忌和你喝到的不一樣

WHISKY   DRINKER

但是酒終究是要拿來喝的

品酒是必須學習的。搖不搖杯？加不加水？針對各式各樣的中西菜餚，威士忌該如何來搭配？有沒有簡單的準則來依循？想系統性的學習，最佳途徑便是參加品酒會。被店員詢問「你平常喜歡喝什麼樣的酒？」，就不會再傻笑不語囉！

WHISKY
25

威士忌的人生三境界

所有懷著一顆忐忑不安的心，剛剛踏入威士忌烈酒之門的朋友們，時常存在但不敢明講的一個大問題是：威士忌該怎麼喝？

這一點我完全能理解，十多年前的我也曾經如此。當時的我潛水於網路論壇，讀著一篇篇使用陌生的詞彙記錄的品飲筆記，討論著萬里之遙異邦國度的舌尖風情，對於論壇裡的一時俊彥懷抱無比的敬意，卻也暗藏著難以接近的疏離。我無法想像，無知如一片空白的我該如何走進酒吧輕鬆自在的點酒聊天，又該如何參加品酒會聽懂艱澀的專業術語？步入酒專更是艱困，因為陳列在架上各式各樣的威士忌對我而言猶如天書般無一能識，一旦面對店員詢問：「你平常喜歡喝什麼樣的酒？」只能傻笑不語。

威士忌是烈酒，社會形象並不好，屬於多喝傷身且容易藉酒裝瘋的酒種，時常鬧上社會新聞版面，與高大上的葡萄酒比較，多半是村野匹夫買醉之用，根本難登大雅之堂。不過我的境況特殊，從未歷經濫喝狂醉的階段，潛行既久浮出水面跨入威士忌世界時，便受到友儕影響而一頭栽入研究領域，很快的就將喝酒區分為三種方式：

◈ 第一種喝酒方式：助興媒介

絕大部分的酒友，都是把「酒」當作助興媒介開始喝起，不刻意去追究嗅覺、味覺的酒中風味，只著重於酒精功效。所以三兩好友歡聚，

在美食、音樂或口沫橫飛的話題圍繞下，酒成了興奮劑或融合劑，將所有元素拌合在一起。在這種情境下，喝什麼酒並不重要，啤酒、葡萄酒、紹興、高粱、伏特加、威士忌，只要能達到賓主盡歡的目的就好。而事實上，一旦達到眾人皆high的暈淘淘境界，喝下肚子的內容物到底是什麼也無人聞問了。

在這種喝酒方式裡，「酒」純粹是客體，所以換個場合換個心境或不同的對象，其助興效果可以被咖啡、茶及其他飲料取代，只不過酒能發揮的畫龍點睛功效絕非其他飲料所能及。酒之為用大矣，君不見「烹羊宰牛且為樂，會須一飲三百杯」的酣暢淋漓，「酒入愁腸，化作相思淚」的婉轉低迴，或是「醉裡挑燈看劍，夢迴吹角連營」的慷慨激昂？更不論酒宴歌席裡，少了舉杯的豪情，就缺乏酒酣耳熱的意思。所以「呼兒將出換美酒，與爾同消萬古愁」中，「消萬古愁」是主體、是目的，而「美酒」則是客體是媒介，千萬不要搞混了。

這種喝酒場合我鮮少參加，卻最為大眾所熟悉，在酒吧、夜店、KTV等夜間通路市場，把威士忌拿來加水、加冰塊、加可樂、加綠茶，或是在小吃攤、熱炒店、燒烤店裡加蘇打水作高球（highball）、「透」維士比、維大力，都能炒熱氣氛、與君盡歡。怪不得酒類銷售業者時常宣揚這種威士忌的喝法，也是酒類消耗的最大宗，當所有的人都進入醺然境界時，豪氣陡升而千金易擲，對銷售量的助益不可言喻。

◈ 第二種喝酒方式：搭餐

若將酒的主體性往前推一步，號稱飲食大國的法國歷史最為悠遠，無論是以酒搭餐或入餐，一場完美的饗宴絕不能缺少酒。可惜的是，這套飲食文化在西方仍以葡萄酒為主，中式餐桌上多用中式白酒或啤酒，

威士忌雖然擁有超過500年的歷史，卻遲遲無法享有如葡萄酒、中式白酒或啤酒的地位，原因在於威士忌大膽的個性與強烈的酒精感，容易掩蓋食物的滋味或甚至相互衝突，因此時常被當作餐前或餐後酒，鮮少與食物一起飲用。

不過威士忌風潮從二十世紀末開始吹起，越來越多的飲食專家開始注意這種缺了一角的情況，除了調酒、高球這種增加風味或降低酒精感的方法之外，更從威士忌的獨特性切入，依據酒體輕重、酒精濃度、橡木桶類型、有無泥煤等，發展出有別於其他酒種的搭餐方式，譬如法國美食家Martine Noue便著力長期推廣，我曾在她的帶領下，品嚐了幾款約翰走路和艾雷島海鮮的搭配，至今猶津津回味。

針對各式各樣的中西菜餚，威士忌該如何作搭配？有沒有簡單的準則來依循？基本上，與葡萄酒相仿，大多數人都能接受紅肉配雪莉桶、白肉配波本桶的原則，而煙燻泥煤則搭配海鮮或其他燻製料理，不過湯湯水水的中式餐點較為不易，需要更多的巧思。除了以上萬變不離其宗的搭配之外，以酸、甜、苦、鹹、鮮的「味覺五星盤」為基礎，威士忌的獨特個性反而可以提供更寬廣的風味譜，讓酒食搭配發展得更為多元。我於多年前曾舉辦過一場品酒會，由飲食生活作家葉怡蘭主持，以輕重不一的泥煤款威士忌，搭配了包括綠竹筍沾醬油、杏仁豬肉紙、滷花枝、牛肚和豆乾等不同中式食物，參加者恍如歷經一場味蕾大冒險，每一口都有點驚心，以及非預期的驚喜和樂趣。

這種喝酒方式需要一些冒險精神，但也能得到許多冒險樂趣，重點在於如何讓威士忌與餐點展現一加一大於二的加乘效果，而非食歸食、酒歸酒的各不相干，也因此威士忌不再附從於環境氛圍，更進一步成為主角之一。

中式熱炒不僅能以酒助興，更能以酒搭餐

◈ 第三種喝酒方式：孤獨者的伴侶

　　但最終，源自於蘇格蘭荒野大地的威士忌，仍屬於孤獨者的飲品，最適合萬物沉寂的凜冽寒夜。屏除所有外界環境刺激後，「酒」沉澱為唯一的主體，無須燈光美氣氛佳，單純的倚靠嗅覺與味覺，或許加上掌握著酒杯傳遞溫度的觸覺，以及昏黃燈光下閃耀著酒色的視覺，在寂靜無聲的時光裡，去細緻分辨裊裊蒸醺而出的香氣屬性，和入口感觸的質地，以知性拆解酒的來源、歷史、地域、土壤、氣候特色，以感性融合酒齡、年份、批次、產區帶來的獨特風格。

　　這種喝酒方式考驗著所有感官記憶和敏銳程度，也是我最熟悉的品飲方式，時常獨自酖沉於桌前，一杯酒放至天荒地老，細細去體驗酒質

隨時間遞延而產生的變化。不過相同的型式也可以轉變為品酒會或三五好友的小聚，以同一間酒廠作垂直品飲，或相同風味屬性、不同酒廠間的平行品飲，深入去追溯蒸餾廠的歷史軌跡，探究時間、地域或風土在形塑風味的可能，以及酒廠與裝瓶商之間不同的選酒及調和技藝。至於一人帶一款酒的「一支會」型式又有不同的樂趣，可以相互分享每支酒的獨特故事，擴增個人的視野和風味譜。

　　無論如何，酒是話題的聚焦點，是純粹的主體，飲酒時拋棄俗世紛爭干擾，讓酒液貫穿所有人的身心靈。這種喝酒方式雖然門檻略高，走進去卻是不歸路，越是探究，越發覺前方世界無限寬廣，其中雅趣點滴在心，不足與外人道。

孤獨者的伴侶，一個樣品一杯酒，直到世界末日與冷酷異境

◈ 且讓我帶你進入第三種方式

醉裡乾坤大，壺中日月長，三種飲酒方式各有其樂趣，很難說哪一種更為高尚、最是風雅。不過我酖沉以酒為主的第三種境界十數年，或有些心得，足以為初學者帶路。

王國維的《人間詞話》有云：「古今之成大事業、大學問者，必經過三種境界：『昨夜西風凋碧樹。獨上高樓，望盡天涯路』此第一境界也，『衣帶漸寬終不悔，為伊消得人憔悴』此第二境界也，『眾裡尋他千百度，驀然回首，那人卻在，燈火闌珊處』此第三境界也」。追尋威士忌的道路或許堪可比「人生三境界」，初入門的志忑心望盡酒海猶如天涯路，此時見山是山、見水是水，虛心求教，逢酒必喝；跨過門檻後方知追尋之無盡無涯，陡然見山不是山、見水不是水，務必喝盡天下美酒，追尋心目中最夢幻的逸品；等驀然回首後，山是山、水是水，酒還原本來面目，有緣一定喝得到，無緣不必強求。此三境界之萬般風情，就聽我一一道來。

如何開始

　　我於2005年花費幾個月的時間，將當時台灣唯一的威士忌論壇文章從頭到尾的讀過不只一遍，對於時常發言的幾個暱稱人名，不僅深感佩服，也興起在實體世界裡結交的念頭。只不過個性害羞低調，思忖猶豫了老半天，好不容易鼓起勇氣參加了「台灣單一麥芽威士忌品酒研究社」的第二次社員大會。記得在大會裡喝了不少酒，在醺然欲醉、腦袋模糊不清的情況下，突然被點名發表對某一支酒的意見，各位酒友可猜想得知，當時的我是如何的驚惶失措，面對塞在眼前的麥克風又是如何狼狽，只得支支吾吾、不知所云的搪塞過去。

　　這就是我緊張刺激的「第一次」，按照這種不算美好的初體驗，理應再度潛水，從此相忘於江湖。幸好我有打死不退的執拗脾氣，加上社團俊秀的扶持鼓勵，居然隨著威士忌風潮的興起慢慢混出一些名堂。只不過回想這些往事，雖然威士忌風氣已經大不相同，但是當年我遭遇的心理障礙，今天的威士忌新手大概也同樣可能面臨，所以，對於想一窺威士忌堂奧的初入門者，該如何開始？

◈ 給初學者的幾個建議

　　我的起步迥異於今日的一般人，不僅比較晚，而且一開始便栽入研究領域，更重要的是，十多年前的酒比起現在便宜太多，也因此有許多機會遍嚐諸多酒款。儘管美好的年代已經不再，但今日發達的網路提供

大量資訊，市場上流通的酒款也層出不窮，因此就算是新手，也極容易搜尋到所需的資料，不必如同當年的我一樣摸索。只是資訊過多也是煩惱，面對層出不窮的酒款和來自四面八方的說法，必須學習如何梳理釐清資訊的正確性、找出自我的喜好，以及聽懂看透行銷迷霧。我的初步建議是：

1. 先回答What、Why、Who、When、Where等幾個問題，詢問自己什麼是威士忌、為什麼喝威士忌、跟誰一起喝威士忌、什麼時候、什麼場合喝威士忌，最後才是how——如何喝威士忌。這些問題說來簡單，卻可以決定面對威士忌的態度。如果只是朋友相聚在KTV歡唱助興，那麼倒也無需講究太多，享受酒精帶來的微醺愉悅快感即可，但如果是在品酒會聽著講師娓娓道述，那麼最好跟著講師仔細分辨杯中風味和酒廠典故，許多我們平日未曾留意的微小滋味，都可能因講師的描述而被喚醒。

2. 一旦決定踏往迷人的威士忌世界，不妨先從簡單的基礎風味開始。近幾年來市面上可見的酒款讓人目不暇給，很容易被過多的說詞擺布，不如先深入記憶威士忌裡最常見也最基礎的兩種風味：波本桶和雪莉桶。如何記憶？許多酒款可用，如格蘭傑的Original或格蘭冠10年便是波本桶的教科書，亞伯樂的a'bunadh或格蘭花格105都是雪莉桶的好選擇，台灣的噶瑪蘭和南投酒廠也分別裝出普飲款的波本桶和雪莉桶。可能的話，同時試試波本威士忌和雪莉酒，有助增進感官的敏感度。

3. 千萬不要迷失在各式IB單桶裡，務必從暢銷酒款開始。有哪些酒款暢銷全世界？以調和式威士忌而言，台灣容易找得到的約翰走路、百齡罈、格蘭、仕高利達等，都值得一試，而單一麥芽威士忌選擇性就更多了，格蘭菲迪、格蘭利威、麥卡倫、蘇格登、格蘭傑、百富等雄據排行

榜多年的品牌，沒喝過，愧對這些酒廠的用心，且可能的話，從低年份喝起，才能了解大眾口味的趨向，更可藉此深入探究調酒師的調和工藝與手法。

4. 別忘了嘗試蘇格蘭威士忌裡最特殊、叫人愛之或恨之的煙燻泥煤味，這種最傳統的風味存在許多酒款裡，如調和威士忌約翰走路的黑牌、百齡罈17年，或是單一麥芽威士忌裡的雅柏、波摩、樂加維林、拉弗格、卡爾里拉、泰斯卡或高原騎士等，當然不只這些，高地區的阿德摩爾（Ardmore）、班瑞克（Benriach），或是其他傳統上不作泥煤威士忌的酒廠，近幾年因應越來越多的需求，紛紛推出泥煤版裝瓶，有機會一定得試。雖然或叫人愛不忍釋「口」，或從此恨之不已，但都有利於打開個人嗅覺、味覺上更寬廣的風味譜。

5. 威士忌當然不是僅限於蘇格蘭，以傳統的五大產國來講，愛爾蘭、美國、加拿大和日本威士忌都必須試過，喜歡或不喜歡是另一回事。至於其他產國，台灣可找得到的如兩間酒廠、印度、英格蘭、瑞士、瑞典、冰島、芬蘭、法國、捷克、比利時、澳洲等，都可能存在驚喜（或驚嚇），沒試過不知道。

以上方式絕非「步驟」，無需按部就班的進行，只是酒款眾多，得花一段極長的時間來慢慢嘗試。路途上當然不可能、也不必拒絕其他酒款，但得謹防干擾和迷失，尤其是人云亦云的追逐。把持核心的重要關鍵是將品飲心得記錄下來，如香氣的表現、入口的滋味、尾韻的延伸，慢慢建立起自我的喜好標準。這些修練，已歸納到「品味」課題，如果依我的「飲酒三境界」去區分，只有將威士忌視作純然的主體，才能深入體驗、了解威士忌的風味結構。

藉由威士忌認識人情：Highlander Inn酒吧

藉由威士忌認識酒廠：格蘭路思酒廠一角

◈ 如何練習書寫品飲紀錄

　　必須提醒各位酒友的是，記述感受的語彙必須來自生活經驗，沒有經驗，那麼所有的文字形容都缺乏意義。而基於每個人的經驗都不同，所以你描述的香草甜一定跟我不一樣，我的柑橘酸也不會和你相同。不過許多普遍存在於威士忌裡的風味，經由翔實記錄和比較，大致可揣摩出彼此間的異同。當然，重要的是開始去利用、訓練自我的感官，盡可能的聞嗅、記憶身居周遭存在的氣味，這些都完全屬於個人，不可取代。

　　接下來，該如何將這些感受記錄下來？目前最常見的品飲紀錄，也是我於2005年以來採用至今的方法，便是將感受拆解為香氣、口感和尾韻等三項分別描述，最終再做綜合評論。這種方式的好處在於有個清楚、簡單的模式可循，分門別類的將不同的感受記錄下來，易讀之外，又與幾乎所有的品飲筆記都相同，因此可與他人的記錄比較，據此學習、擷取被自己忽略、或筆墨無法形容的風味，逐漸擴增自我的風味象限。此外，由於記錄模式的關係，可強迫自己面對一支酒的時候，先從聞香開始，而不是囫圇吞棗的喝下去。我常以為威士忌的香氣最是迷人，勝過其他酒種太多，從瓶中倒出來後，隨著與空氣接觸而產生微妙的變化，值得花上長時間來享受香氣的展現。

記錄品飲心得是學習威士忌的不二法門

　　另外在品飲習慣上，以下兩點可供酒友們參考：

　　1. 搖不搖杯？威士忌的酒精度高，揮發性較好，品飲時無須像葡萄酒一樣的搖動品飲杯來促進香氣的發展，否則將激揚出過高的酒精氣反而掩蓋了香氣。我的個人習慣是靜置酒杯，讓酒液與空氣自然互動，可隨時間察覺香氣的緩慢變化，假如時間過久而毫無動靜，那麼頂多稍微傾斜酒杯並轉動，讓酒液附著在內緣，促使更多的空氣交換和揮發。

　　搖不搖杯曾在網路上引發一些討論和爭議，贊成一方引用國外大師劇烈搖杯的影片作為支持證據，但酒友們務必了解，大師們在調酒室通常須在短時間內聞嗅多達上百個樣品，而這些樣品通常已將酒精度降低到一定值，所以搖杯有其必要性，與我們品飲時的環境條件並不相同，我們大可花費半個小時來等候香氣的甦醒變化，但如果時間不允許（如品酒會場合），稍微搖晃一下酒杯亦無不可。

　　2. 加不加水？同樣的，大師調酒時通常將所有樣品的酒精度降低到固定值，以提供相同的比較基準，與我們品飲時加水讓香氣更容易發揮的目的不同，所加的水量也不同。但我習慣不加水，因為站在品飲者的立場，我尊重調酒師為每一款酒訂定的標準，完全不改變裝瓶時的原始狀態。當然酒友們也可在品飲時都固定加水，我強調的是，除非所有的條件都相同（如後續將討論的〈杯具〉），否則將失去比較基準。

　　好，如今新手酒友懂得從那些酒款著手，了解訓練自我感官的重要，也清楚如何寫下品飲筆記，所缺者，就是不斷的練習。所以，何妨就從此刻開始，拿出你櫃子裡的酒，倒出一杯來試？不過在寫下紀錄時，還有最後一件事得注意：如何正確記錄酒款名稱。

◈ 酒名的記錄方式

　　剛踏入威士忌世界的初入門者，對於酒款的認知可能僅限於能見度較高的品牌，如格蘭菲迪、格蘭利威、麥卡倫等等，但視野逐漸的擴大後，將被OB、IB各式各樣的酒款搞得眼花撩亂。假若不從一開始便依循良好的規則來記錄自己喝過的酒款，等到酒款數量累積增加，很可能會越來越感覺混淆，甚至無法分辨今天喝的這款酒，與3、5年前似曾相似的那一款是否為同一款？若與其他品飲紀錄比較，更不知彼此之間的風味差異，但底是各自感受的不同，還是本來就不是同一款？

　　此事絕非危言聳聽。舉例而言，酒廠的核心款每年都可能釋出好幾個批次，批次與批次之間難免存在微小的差異，一旦時間拉長，這些差異將可能被放大到無法忽略。當酒友認真地寫下品飲紀錄，但酒款名稱缺少裝瓶時間，將無從得知為什麼明明是同一款酒，2020年寫下的風味特性與2010年差那麼多。最有名的核心酒款莫過於雅柏10年了，瓶身上可找到Lxx的裝瓶年份，許多老饕酒友上窮碧落下黃泉的搜尋L5、L6，無非便是2005、2006年裝出的版本與目前市面上可購得的版本風味確實存在明顯差異。

　　那麼，該如何記錄酒款名稱？基本原則是，將酒標標示的一切都忠實的寫下來，以下是兩個例子：

- Glentauchers 27yo, 1993.6.16～2019.7.2（56.3%, G&M for TSMW～TA,1st Sherry Puncheon, C#2631,267 Bts.）

- Teeling Single Malt Irish Whiskey 10yo（58.6%, OB for TSMWTA, Bourbon C#7387, 228 Bts.）

按順序必須記錄的資料包括：

1. 酒廠或品牌名稱，如Glentauchers指的是酒廠，而Teeling為品牌（Teeling酒廠於2015年方成立，至今尚無10年酒可釋出）

2. 酒的屬性，如Single Malt Irish Whiskey是愛爾蘭威士忌分類的其中一種

3. 酒齡，如27yo及10yo，假如酒標上沒標註，則可註明NAS（No Age Statement），若只有蒸餾年分，也不可自行計算（如2000年蒸餾、2019年裝瓶，不可計算為2019-2000=19年，因為我們並不清楚蒸餾、裝瓶的日期）

4. 蒸餾、裝瓶年分或日期（若有），如1993.6.16～2019.7.2

5. 酒精度，如56.3%、58.6%

6. 裝瓶者，若為OB裝瓶，則簡單寫下OB即可，若是IB裝瓶，則必須記錄裝瓶商的全名或簡稱（如G&M為Gordon & MacPhail的簡寫）

7. 若裝瓶者為某特定團體所作的裝瓶，則記錄該團體的名稱，如TSMWTA

8. 橡木桶的類型，如1st Sherry Puncheon及Bourbon

9. 桶號，如C#2631及C#7387

10. 裝瓶數量，如267 Bts.及228 Bts.

11. 其他標示在酒標上的特殊註記

若能遵照以上的原則抄錄下酒款名稱，那麼即便酒友喝過的酒款超過瑟佶大叔的15,000款，也能登載得清清楚楚而不致搞混了。

撲鼻異香

　　挑了一瓶合乎夜裡心情的酒，音響流洩出你所喜愛的爵士樂，攤開一本一直沒能讀完的書，映著一盞孤燈，把玩手中的品飲杯，靜靜聞嗅著逐漸上升的氤氳香氣，為這奔忙的一天畫下句點……

　　品酒，一直是身心靈的體驗，人身五種感官有意無意都會用上，甚至可能左右了風味的走向。不過如果摒棄了環境影響，阻絕了色彩聲光，最終還是倚靠嗅覺與味覺來決定喜好，但事實上，可能只有一種感官才真正具有決定性：嗅覺。

◈ 嗅覺的運作方式

　　當我們將鼻子埋進酒杯，深深聞一口香氣，氣味分子紛紛湧入鼻腔，隨即接觸到擁有多種嗅覺感受器的嗅覺上皮細胞。這些氣味感受器只是感受神經的膜蛋白，並無法感受、判斷香氣，而是將氣味分子激活成電子信號，並將信號經由嗅覺神經傳導至中央神經系統的嗅球，再由大腦分辨出氣味的種類和濃度。大腦裡面存留我們所有有關氣味的記憶，一一比對之後作出屬於個人的判斷，假若大腦裡不存在某種氣味的記憶，那麼我們也無從描述這種氣味了。

　　不過鼻子不是唯一的嗅覺器官，當我們吃進食物或喝入飲料時，也會將微量的氣味分子送進嘴巴與鼻子的連通道，再由鼻腔裡的氣味受器偵測，而後與味覺組合成複雜的風味，稱為「鼻後嗅覺」。鼻後嗅覺

介於直接嗅覺和味覺之間，卻是味覺裡最重要的風味來源，所有的人都有相同的經驗，當我們感冒鼻塞時，不僅聞不到味道，吃下的食物也毫無滋味可言。酒友們品飲威士忌時也可以做個簡單的實驗，將鼻子捏起來，中斷嗅覺和鼻後嗅覺，那麼入口的酒液就僅存酒精刺激和少許的甜與酸，再美的酒也毫無滋味。

　　由於大腦的運作是如此神奇，以嗅覺為主的感官將與每個人的生活經驗結合，形成如萬花筒般的組合。小說《香水》裡的有一小段文字：「……大海的味道有如一面吃飽了風的船帆，上頭沾滿了海水、鹽巴和清冷的陽光。海的味道既單純又偉大，而且是獨一無二的，因此葛奴乙對於要不要將它分解成魚的腥味、鹽的鹹味、水的濕味、海藻的腥味、海風的清新氣息感到猶豫不決，他寧可讓這氣味保留它的完整，在記憶中儲存它的整體，絕不分割開來……」

　　在小說家的神妙筆觸裡，嗅覺的幻想被無限延伸、無限擴大，陽光是有氣味的，沾了海水、鹽巴的清冷陽光與冬日裡映曬著屋簷一角的昏黃陽光氣味不同，看不見的風、一掬清水都帶著不同的氣味，只是一般人聞而不識、識而不察。

　　小說主角葛奴乙可能是讓所有調香師最忌妒的嗅覺天才，因為他能夠輕易、而且牢牢記住所有曾經聞過的氣味——無論是都市裡的臭水溝、下過雨的岩石、盛開的花朵或路邊婦女身上的廉價香水，全都逃不過他靈敏的鼻子。不僅如此，他還能在腦中選取某幾樣氣味，而後重組出特殊氣味，這種技能，不正是所有靠鼻子吃飯的香水、香氛調香師和調酒師們夢寐以求的「神之鼻」嗎？

由故事引發風味聯想

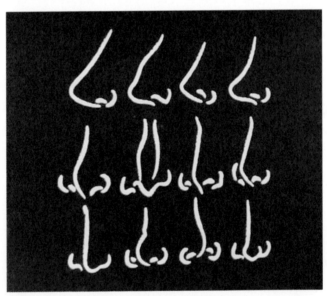

每個人的鼻子都不一樣，感受的風味當然也不一樣

（圖片取自Holyrood蒸餾廠）

　　酒廠的調酒師必須大量仰靠嗅覺，因為一方面單純的味覺太過貧乏，二來酒精刺激容易造成味蕾的疲痲，如果經年累月的多喝，可能早已酒精中毒。他們的日常工作便是根據橡木桶取出的酒樣，快速拆解、分析樣品的香氣並記錄下來，作為日後調和使用，因此調酒師必須能敏銳的分辨各種香氣成分，區分每種香味屬性，以及不同比例的香氣重組之後可能趨向的風味。這種才能已臻藝術境界，也是我對調和工藝滿懷敬意的原因。知名的調香師在香水業界被尊稱為The Nose，威士忌產業也有一位，也就是大摩的調酒師理查‧派特森，顯然同儕間對他的技藝充滿敬意。

◈ 嗅覺的傳說與破解

　　我自2005年起開始動手寫品酒筆記，至今也累積了超過2,000個品項，面對一支新酒款或新樣品時，依舊花上大半個小時去玩味香氣，也花上許多的篇幅去記述香氣隨時間產生的變化，只因為「聞香」的樂趣對我而言，遠遠超過入口後的味覺體驗，也因此在品飲過程中，必須絕禁任何可能「污染」週遭氣味的環境，保持酒中氣味的單純。我個人的一個百試不爽的經驗是，只要是餐酒搭的場合，無法避免的感受到煙燻味。

　　就因為嗅覺如此容易受到影響，某些和嗅覺有關的神話持續流傳，如：

　◦ 人類的鼻子可以分辨出多少氣味？

　　10,000種？這個流傳已久的說法，可能是來自1927年由化學工程師E.C. Crocker和L.F. Henderson[1]所創立的一套氣味分類法。在他們的方法中，一共定義了4種基本味覺，每一種又依強弱程度分為9級，所以總共可組合成6,561種氣味。美國哈佛大學的心理學家Edwin Boring愛用這套系

---

1. E.C. Crocker and L.F. Henderson (1927) "Analysis and Classification of Odors," America Perfumer and Essencial Oil Review

統，不過氣味的數量經他大筆一揮，直接進位成整數10,000種，從此奠定了這個傳說。只是從科學分類的角度來看並無意義，因為神經接收的訊號經由大腦將進行簡化，簡化後的微小差異人人不同，也可以經由訓練獲得。不過丹麥氣味化學家Morten Meilgaard在1970年所創造的「啤酒風味輪」，Pentlands Scotch Whisky Research於1978年為威士忌產業所發展的「威士忌風味輪」，加上其他產業如香水、咖啡、乳酪、巧克力各自發展出屬於產業的氣味輪，每一種「輪」的氣味種類都遠遠少於10,000種。

　　單純倚靠嗅覺，我們能從複雜的混合物中認出多少種氣味？

　　根據澳洲心理學家David Laing等人[2]的實驗結果，當幾種特殊氣味單獨存在時，每一種都不難辨認，可一旦將幾種氣味混合，例如3種，超過85%的人完全無法分辨，即便是調香師或香料調配專家，雖然優於業餘人士，但也沒辦法從混合氣味中解析超過3種成分，就算將「特殊氣味」改用大家熟悉的氣味如乳酪、巧克力等，還是沒有人能突破4種氣味的極限。這一點十分有趣，且不說品酒或美食大師，即便如我，在描繪酒類香氣時，使用的形容絕不只4種，為什麼連訓練有素的專業人士都分辨不出4種以上呢？酒友們必須了解，在這項實驗中，所謂的獨特氣味如香草、柑橘、奶油、蜂蜜，都是來自於「酒鼻子」的人工氣味，將這4種氣味混合之後，實驗者必須試著將混合氣味拆解還原為原始的4種氣味，顯然有其難度，事實上，我們使用的氣味形容詞都不是單一香氣，而是來自我們的生活經驗，這些經驗氣味其實已經是混合氣味，未經訓練的一般人並沒有能力使用單一氣味，這一點正是聞香師與普通人最大的差異。

　　女性在分辨氣味的表現是不是比較好？

　　確實，各位酒友們應該早就在品酒場合發現，女性可以非常精確的

2. K Marshall, David G. Laing, AL Jinks, I Hutchinson (2006) "The Capacity of Humans to Identify Components in Complex Odor-taste Mixtures," Chemical Senses, Volume 31, Issue 6, pp. 539–545

形容各種香氣，讓身為男性的我羞慚不已。不過德國心理學家解釋，女性在氣味的記憶能力表現比男性強，並不是因為他們的感覺神經不同，而是語文表達能力比較好，不僅有助於提升氣味記憶，更同步提升氣味辨識測驗的成績。站在男性的立場，這個解釋我完全同意，因為女性的語文掌握能力本來就優於男性，不過女性賀爾蒙的變化將影響對氣味的敏感程度，而荷爾蒙的影響又與認知因素交互作用，因此十分複雜，產生的嗅覺性別差異也相當神奇。

◦ 抽菸是否影響嗅覺功能？

這是我認為無須爭辯、理所當然的一件事，只不過許多著名的調酒師都有菸癮，當他們來台舉辦品酒會時，不時需要到外面去「透透氣」。而且令我訝異的是，或許是因為菸商無遠弗屆的勢力，學術界到目前為止依舊無法獲得一致結論，其中一項針對900多人所做的大型實驗結果顯示，受測者的嗅覺測驗成績將暫時受香菸影響而退步，但並未減損嗅覺表現或對嗅覺能力的自我評量。《國家地理雜誌》的嗅覺調查問卷結果則是模稜兩可，顯示抽菸者有可能對某些氣味變得更加敏銳，卻也可能對某些氣味變得遲鈍。我好奇的是，所謂「自我評量」或「問卷調查」都不算是嚴謹的科學方法，其證據力不足以說服我抽菸並無影響，不過那幾位有煙癮的調酒師又怎麼說？合理的猜測，長期處於香菸影響下，這種氣味已經成為環境的一部分，所以工作時只要在心理上扣除這種氣味，便不致影響對其他氣味的敏感度。不過，我更佩服三得利的輿水精一先生，他數十年如一日的平淡生活，不僅不抽菸，也不吃辛辣食物，只為保持調酒時感官的純淨。

◦ 視覺也會影響嗅覺？

　　美國Montclair州立大學心理學教授Debra　Zellner在2005年發表了一篇有趣的論文[3]，分別針對從鼻子而來的直接嗅覺，以及從嘴巴而來的間接嗅覺進行實驗。她準備了具有水果氣味的液體作為實驗樣品，而後分成兩杯，一杯無色，另一杯添加少許著色劑。在直接嗅覺實驗中，測試者先將眼睛蒙住，比較2個杯子的氣味濃度，結果濃度大概差不多，等脫下眼罩再測一次時，有顏色的樣本聞起來比較濃。這個結果並不讓人感到驚訝，也是酒友們非常熟悉的焦糖爭議。但是在鼻後嗅覺實驗時，她讓實驗者同樣以戴上眼罩和脫下眼罩的方式，利用吸管啜飲杯中液體，得到的結果恰恰相反，加了顏色的液體反而讓實驗者感到氣味強度比較低，為什麼？只能說，人類的大腦運作非常奇妙，有時會以「反饋」的方式運行。

◈ 嗅覺的傳說與破解

　　我因香氣而熱愛威士忌，缺乏香氣的威士忌就只剩下酒精，而且即便喝完，空杯裡殘留的香氣仍叫人留戀。我曾於10年前將一杯布萊迪1970年的空杯保留3日不洗，只為杯底一抹讓我眷戀難以忘卻的悠然迷香。

　　「人可以在偉大之前、恐懼之前、在美之前閉上眼睛，可以不傾聽美妙的旋律或誘騙的言詞，卻不能逃避味道，因為味道和呼吸同在，人呼吸的時候，味道就同時滲透進去了，人若是要活下去就無法拒絕味道，味道直接滲進人心，鮮明地決定人的癖好，藐視和厭惡的事情，決定欲、愛、恨。主宰味道的人就主宰了人的內心」——節錄自《香水》。

---

3. Koza, B. J., Cilmi, A., Dolese, M. and Zellner, D. A. (2005) "Color enhances orthonasal olfactory intensity and reduces retronasal olfactory intensity," Chemical senses, 30, pp. 643-649

由視覺裝置引發的風味聯想

WHISKY
28

從穀物味到樟腦丸──談風味輪

如果酒友們手中有《威士忌學》這本書，請翻開第204頁的第二段：「酯類一般被視為芳香物質的重要來源，其形成取決於麥汁中的高級醇和有機酸含量，也取決於乙醯輔酶（Acetyle AoC）的活性，更重要的是酵母菌種。不同的酵母菌有其適應的溫度和pH值，生長繁殖所需要的氧氣和氨基氮含量也不盡相同，分解合成的產物當然也跟著不同。繁殖時期由於脂肪用於構建細胞膜，導致游離脂肪酸的含量較少，形成碳鏈較短的脂肪酸酯，而後在發酵中其碳鏈長度增長，可分為乙酸酯（乙酸+醇）和乙酯（乙醇+脂肪酸）。乙酸酯的量較高，但乙酯的芳香濃度門檻極低，通常帶給我們的感官刺激如乙酸乙酯（ethyl acetate）的梨子果甜、丁酸乙酯（ethyl butyrate）的鳳梨、以及甲酸乙酯（ethyl formate）的覆盆子、紅莓果甜和果酸……」

請讀完整段文字並能完全理解的酒友舉個手如何？

沒錯，這些化學名詞對一般消費者來說毫無意義，而針對「同屬物」進行再多的解析，對品飲或風味的認知來說也毫無助益。當我們感受到威士忌的美好時，我們的大腦其實正運作著綜合判斷，包括品牌形象、酒標設計、包裝、行銷廣告、價格和消費者過去的經驗等外在屬性，以及品飲者的視覺、聽覺、觸覺到嗅覺、味覺等來自感官的內在屬性，另外還包括品飲者的預期心理，經過以上不同生理、心理的加權處理，最終才成為我們感知的總和。專業名詞或數據在感知過程中，佔據的比例並不大，我們並不會因為酒液裡的丙酸乙酯或癒創木酚含量較高

而喜歡這支酒（如艾莎貝所標示的sppm和pppm，或奧特摩迄創新高的泥煤ppm），我們喜歡這支酒是因為它帶來無以言喻的美妙感受。

◈ 解決威士忌論述難題的方法：風味輪

　　但是這裡帶給論述者一個很大的難題，因為他們不能像一般消費者一樣，只簡單的回答好喝或不好喝、喜歡或不喜歡，他們必須要解析背後的原因，包括風味的屬性和來源，而且還得盡量用消費者聽得懂、看得懂的語言去描述。先不論外在屬性帶來的心理預期，也不談內在屬性的視覺、聽覺和觸覺，單純就嗅覺和味覺而言，舉個例子，你該如何向沒喝過某支酒的朋友去描述這支酒的風味？

　　一個行之有年的簡單方法，便是經常在食品、飲料業界使用的風味輪，不過提到這個輪，必須先了解為什麼是輪？為什麼不是表、樹、塔或其他任何型式？原因很簡單，因為啤酒風味的先驅者Meilgaard博士（Dr. Morten C. Meilgaard）在1970年代為啤酒產業製作的風味譜，便是以「輪」的型式展現，而後加州大學戴維斯分校的Ann C. Noble教授於1984年也為葡萄酒製作了風味輪，接下來所有有關風味的展現方式似乎被約定俗成了，如SCAA的咖啡風味輪。輪的美感在於，先標定中心風味構成輪軸，而後根據中心風味向外呈輻射狀發展出第二圈、第三圈……等屬性風味，使用的形容詞彙越外層越廣，也越趨生活化，因此品飲者或普羅大眾可依據自我的感官經驗來填寫最外一圈的風味，並向內回溯這種種風味的來源。

　　建構風味輪的重點，在於如何使用恰當的詞彙來描述核心風味以及衍伸的第二圈風味，這些需要感官科學家和訓練有素的品飲小組來進行實驗和篩選，因此絕大部分的風味輪都是先由學術機構創建，而後再慢

慢修改。最早的威士忌風味輪是由Pentlands Scotch Whisky Research（即目前The Scotch Whisky Research Institute, SWRI的前身）在1978年所建立，原本的核心風味包括穀物味（Cereal）、水果或酯類（Fruity or estery）、花香或醛類（Floral or aldehydic）、泥煤或酚類（Peaty or phenolic）、酒尾味（Feinty）、硫味（Sulphury）、木質味（Woody）以及酒味（Winey），其中前6種來自發酵和蒸餾，而後2種則來自橡木桶陳年。

　　由於原始的形容辭彙太過學術性，我們熟悉的威士忌大師查爾斯•麥克林於1992年參加Pentlands的課程之後，協助簡化修改，整理出較為生活化的風味輪。為了不讓酒友歪著脖子看得太辛苦，我將「輪」轉為「表」並盡可能的翻譯如下：

SWRI新版風味輪
（圖片提供／蘇格蘭威士忌研究院 The Scotch Whisky Research Institute）

核心圈	第二圈	第三圈
穀物味 Grainy	麥芽味	麥芽牛乳、麥芽倉、乾啤酒花、好力克或酵母醬（marmite）
	其他穀物味	早餐麥片、燕麥粥、吐司、消化餅或咖啡
水果味	新鮮水果味	蘋果、梨子、桃子、瓜、無花果、青香蕉、紅醋栗
	柑橘水果味	檸檬、萊姆、橘子、桔子、葡萄柚、鳳梨
	乾果味	葡萄乾、小葡萄乾（sultanas）、無花果乾、甜餡餅（mince pie）、 聖誕蛋糕、果醬
	罐裝水果味	水蜜桃、梨子、水果沙拉、荔枝、錫味
香味 Fragrant	花香味	玫瑰、薰衣草、天竺葵、康乃馨等香水味，以及人工香水
	溶劑味	泡泡糖、梨形糖（peardrops）、丙酮（水果味）、松木精油（pine essence）
	蜂蜜味	三葉草蜜（clover flower）、石楠花粉（heather pollen）、石楠花蜜、蜂蜜酒（mead）、蜂蠟
泥煤味	海風味	泥炭蘚、海水、海草、甲殼類、新鮮的魚類
	藥水味	紗布、繃帶、醫院、漱口藥水、消炎藥、碘酒、木焦油
	煙燻味	正山小種紅茶、泥煤煙燻、燻鮭魚、醃魚（kippers）、焦油

核心圈	第二圈	第三圈
異常味 Off-note	金屬味	醋、鋼筆墨水、錫、潮濕的鐵、鐵銹
	霉味	土味、灰塵、苔蘚、發霉、壞塞味、潮濕的木頭、閣樓味
	蔬菜味	髒鹹水、不新鮮的陳舊味道、泡高麗菜的水味、沼氣、下水道、沼澤味
	起司味	起司、肥油、餿水、羊騷、老鼠味、發酵味、汗水、嘔吐味
	肉質味	皮革、牛皮、熟豬肉、香腸、烤肉、肉汁
	硫味	亞麻布、橡膠、燃燒的火柴、火藥、煙火、熄滅的火苗
香味 Fragrant	青草味	新割的青草、綠色蔬菜、草桿、番茄、綠色樹葉、薄荷
	乾草味	草堆、稻稈、穀糠、乾燥的茶葉或泡過的茶葉、菸草、乾草藥
木質味	香草味	冰淇淋、奶黃醬、焦糖、奶油軟糖、糖漿、焦糖布丁
	辛香味	八角、荳蔻、肉桂、甘草、薑、辣椒、胡椒、咖啡
	新木頭味	樹汁、樹脂、木屑、鉛筆屑、雪茄盒、檀香
葡萄酒味	堅果味	椰子、堅果油、亞麻籽油、杏仁、核桃、榛果
	油脂味	鮮奶油、奶油、蔬菜油、橄欖油、巧克力、蠟油
	酒味	白酒、紅酒、雪莉酒、馬德拉酒、波特酒、白蘭地、酒窖

　　上表裡面有許多風味讓我們有看沒有懂，主要原因是文化隔閡，我們不可能也不應該使用沒聞過、吃過、喝過、嚐過的味道。威士忌產業及學術界在長時間的研究後，為了推廣蘇格蘭威士忌，針對風味輪中使用的描述語言做了許多改進，除了讓形容方式更加精確之外，更重要的是盡可能減少不同文化的倚賴和差異。Lee et. al.[1]於2001年為SWRI建立的風味輪（同樣轉換為表），將核心圈及第二圈分析得更細，並將口感中的質地（澀感、包覆感和溫暖感）以及嗅覺（刺鼻感、乾燥感）包含在內，讓使用者有更寬廣的選擇：

核心圈	第二圈	第三圈
果味	溶劑味	去指甲油水、油漆溶劑、雜醇油
	花果園味	蘋果、蜜桃、梨子
	熱帶水果味	鳳梨、西瓜、香蕉
	柑橘類果味	柑橘、檸檬、葡萄柚
	莓果味	黑醋栗、番茄植物
	乾果味	葡萄乾、無花果乾、李子乾
花香	天然花香	玫瑰、薰衣草、紫羅蘭、風信子、康乃馨、石楠、蜂蜜
	人工花香	香水、香精
酒尾味 Feints	穀物味	
	起司味	
	油脂味	
	硫味	

1.Lee K-YM, Paterson A, Piggott JR, Richardson GD (2001) Origins of flavour in whiskies and a revised flavour wheel: a review. J Inst Brew 107:287–313

核心圈	第二圈	第三圈
新木頭味 New wood	樹液味	新鮮的樹枝、潮濕的木頭
	雪松味	鋸木粉、紙箱、新削的鉛筆
	橡木味	樹脂、亮光漆
	松木味	松節油、松香味希臘葡萄酒
木質萃取物味 Wood extractive	堅果味	椰子、�果、杏仁、核桃
	香草味	冰淇淋、太妃糖、巧克力、可樂
	辛香味	丁香、肉桂、薑、八角
	焦糖味	糖蜜、咖啡、吐司、甘草
	潤酒味	雪莉酒、波本酒、波特酒、蘭姆酒、白蘭地酒
壞木頭味 Bad wood	封存味	石蠟、石腦油、樟腦丸
	霉味	發霉、土壤、霉爛的、壞瓶塞味
	醋味	醋酸、酸味
甜味	奶油甜味	
	果甜味	
	花香甜味	
	木質甜味	
陳腐味 Stale	紙箱味	紙張、過濾紙
	金屬味	墨水味、錫味、濕鐵味、鐵銹味

核心圈	第二圈	第三圈
硫味	死水味	汙水管、排水管、汙水、腐爛的蔬菜
	肉質味	發酵味、臭蛋味
	蔬菜味	蕪菁、馬鈴薯、煮高麗菜
	酸味	醃洋蔥、大蒜
	瓦斯味	天然瓦斯、燃燒的火柴、刺鼻味
	橡膠味	輪胎、橡皮擦、塑膠
香味 Fragrant	餿味	不好的酸味、寶寶的吐奶味、氧化後的油脂
	汗水味	舊襪子、麝香、養豬場
油脂味	肥皂味	蠟質、無香味的肥皂、洗潔劑、潮濕的洗衣機
	奶油味	奶油、太妃糖、奶油糖
	潤滑油味	礦物油
	油脂味	肥油、油狀、魚油、蓖麻油
基礎風味	苦味	
	鹹味	
	酸味	
	甜味	
口感 Mouth effect	澀味	乾燥、毛感、粉狀感
	包覆感	油感、奶脂感
	溫暖感	酒精感、燒灼感、火熱感

核心圈	第二圈	第三圈
嗅覺感 Nasal effect	刺鼻感	乙醇、胡椒、刺痛
	乾燥感	
泥煤	焦味	瀝青、煤灰、灰燼
	藥水味	TCP藥水、消毒水、germoline軟膏、醫院
	煙燻味	木頭、煙燻魚、培根
穀物	穀物味	小餅乾、穀殼、糠麩、皮革感、菸草
	麥芽味	麥芽萃取物、發芽大麥
	穀物糊味	燕麥粥、糟粕、煮玉米
草味	青草味	樹葉、潮濕新割的青草、花莖、青蘋果、青香蕉
	乾草味	乾草堆、稻草、茶葉

　　當然，以上兩個表不會是唯二的風味輪，許多研究機構和學者嘗試為特定的區域酒種打造不同的風味輪，如加拿大Corby酒廠的首席調酒師Don Livermore博士認為，核心風味不是起始於發酵、蒸餾及熟陳，而應該直溯真正的源頭：穀物、酵母和木桶，因而修改出屬於加拿大威士忌的風味輪。

◈ 風味輪的使用方式

　　資深的威友如果仔細察看上面兩張表，可能會對某些風味的從屬關係大不以為然，也可能無法接受某些風味的描述方式——這些都沒關係，因為感官原本就非常私人，每個人對同一種風味的描述可能都不盡相同，因為一切都源自於個人的成長背景和生活經驗，以及，遣詞用字

的能力。對於一個從未吃、喝或用過燕麥粥、紅醋栗、聖誕蛋糕、梨形糖或馬德拉酒的人，如何去理解上表裡面的那些風味？而當我們聞到、喝到這些「異國風味」時，又該使用哪些我們熟悉的形容詞來取代？

　　國內最有名的例子莫過於「石楠花」。我必須慚愧的承認，早期在完全摸不著頭緒的情況下，人云亦云的侃侃談起某款島嶼泥煤風充滿石楠花香，等真正踏上蘇格蘭土地，低頭聞嗅起那一叢叢毫不起眼的石楠花，才知道原來石楠花一點香氣也無，過去的「自以為是」全然來自想像。有關這種「異國風味」於包括我在內的多人努力糾正後，行銷上所有的「石楠花」描述字眼都被改成「石楠花蜜」，至少蜜甜香氣更符合實情。

　　對於一個完全沒有描述經驗的品飲者，如何著手去分辨、記錄手中那杯酒的風味有其困難，此時假若身邊擺了一張風味輪，便可作為實用的引導，按「輪」索驥去一一辨識是不是有花香、果甜屬於哪一種⋯⋯至於經驗豐富的品飲者，風味輪同樣也可發揮提醒功能，等同於check list，避免忽略某些已經太習以為常的風味。實際使用時，核心風味及第一圈的描述，除非如加拿大的Livermore博士創造出不同的風味輪，否則無須去更改，真正需要用心的是第三圈，給予了各自發揮的空間，不同的生活體驗全都在這一圈描述。

沒有香氣的石楠花

◈ 酒鼻子的特異香氣

不過太過天馬行空的各言爾志或是過於私人的記憶，如「鄉下老阿嬤的衣櫥霉味」、「凌晨微雨下的基隆港口」，除了自己以外，很難和他人溝通。當然，如果只是留下記錄，詩意盎然的描述倒也無妨，只是在業界，如專業聞香師、調香師，則需要共同語彙作為彼此溝通的工具，其中運用最廣的莫過於「酒鼻子」。

酒鼻子同樣是由歷史文化源遠流長的葡萄酒界開始發展，作為訓練嗅覺記憶的工具，不過為了精確定義各種香氣的名稱並放諸四海皆準，使用的不是天然香氣，而是利用精油調製而成的人工香氣。LE NEZ DU VIN是最早問世的酒鼻子產品，由法國人尚‧勒諾瓦（Jean Lenoir）於1981年製作，目前已經發展出包括紅酒、白酒、干邑種種各式各樣的組合，也於2013年推出威士忌香氣組。為了研發這套香氣組，尚‧勒諾瓦與查爾斯‧麥克林合作，將最常出現在威士忌的香氣一一封存在聞香瓶裡，分為五大類共計54種，包括：

- 花香調：黑加侖、天竺葵、蜂蜜、玫瑰、菸葉、乾草、青草

- 果香調：鳳梨、櫻桃、桃子、梨、蘋果、檸檬、桔子、柑橘、柚子、無花果乾、核桃、梅子

- 木質調：橡木、樹脂、雪莉酒、烤杏仁、烤榛果、椰子、焦糖、巧克力、卡士達醬、香草、茴香、肉桂、薑、草藥、薄荷、荳蔻、五香粉、黑胡椒、甘草、土質

- 其他香調：餅乾、咖啡、吐司、麥芽、奶油、皮革、烤肉

- 酚類香氣：煙燻、泥煤、海草、貝類、藥水、橡膠、焦油、硫味

　　那麼這套香氣組的表現如何？老實說，讓我大吃一驚，因為和我自以為的香氣差異極大，如果酒友們有機會一試，或許也會得到與我相同的結論。問題在於，我們太習於混合香氣，當我們使用「香草」或「柑橘」來描述酒中風味時，這些記憶可能來自於香草蛋糕、香草冰淇淋等使用香草莢或香草精調味的甜點，以及椪柑、海梨、茂谷柑等各式各樣的柑橘，而這些我們能在日常生活中接觸的香氣，其實已經是多種香氣的組合，不是「絕對香氣」。酒鼻子定義的是「絕對香氣」，雖然不存在於我們的生活經驗裡，但因為精準，業者使用時不致混淆，不會發生居住在溫帶蘇格蘭和亞熱帶台灣的人講到"vanilla"、"citrus"時，彼此之間大不相同的情況。

　　幸好，我們不是調酒師，不需要如此精準，我們溝通的對象通常是同好酒友，大部分居住在同一塊土地，生活經驗也不致差異太大，所以不必太執著於酒鼻子，回到日常生活中去挖掘屬於自己的記憶才真正重要。

蘇格蘭威士忌專用聞香組
（圖片提供／豪邁國際）

杯具

　　除非就著瓶口喝酒的酒鬼，或是在夜店裡被強迫拉酒嘴的玩咖，否則喝酒非得使用酒杯不可。不過「喝酒」不等於「品飲」，倒也不是說哪樁蓋高尚，而是回歸到我的「飲酒三境界」，如果不想以豪邁乾杯為上、不想只是把威士忌當作聊天助興的客體，那麼一只合適的品飲杯——正式名稱為聞香杯（nosing glass）——便非常重要。

◈ 我的初戀——格蘭凱恩杯

　　杯之一物詳究者眾，無論是物理層面或心理層面，品飲杯的杯形、容量、杯腹和縮口尺寸、杯緣厚度等，都將影響品飲的香氣和口感，這大概是所有酒迷酒癡都大聲認同的事實。世上「杯控」所在多有，葡萄酒愛好者猶多，常依紅、白酒或香檳等不同酒類、級數或產區，發展出造型、弧度、大小與薄厚度不一的品酒專用杯。吾等威士忌飲者不致如此講究，過去最常被使用、也是大眾印象中的威杯，便是酒吧裡常見的廣口杯。這種杯型粗獷豪放，放入晶瑩剔透的冰塊，可以慢慢旋轉，酒水繚繞出纏捲的紋路，映著燈火有一股燈紅酒綠的迷濛之美。只可惜這種酒杯的杯口寬，香氣上升後立即發散，無法察覺細緻的變化，並不適合用於賞玩威士忌裡最迷人的香氣。

　　我的情況與大部分酒友不同，從來沒有歷經廣口杯時期，一入門便直接使用聞香杯，但是很遲鈍的等到多年以後，方領悟到杯型對品飲

的影響，因為從學習品飲威士忌開始，手持的是厚墩墩剛好可以一手掌握的「格蘭凱恩」（Glencairn）杯，而後便延用了好幾年，未曾見異思遷。根據台灣官方網站，格蘭凱恩聞香杯由公司創辦人Raymond David-son於1985～1989年左右，根據五大酒商的首席調酒師給予的意見設計出來。自從上市之後，由於市面上並無通用的品飲杯，因此很快地成為全球銷售量最大的威士忌杯，也是「蘇格蘭威士忌協會」的指定用杯。不過坊間目前可找到許多印上各種logo、輕重厚薄不一的「類」格蘭凱恩杯，雖然無從去查考這些酒杯是否獲得授權生產，但只要是杯底沒雷刻上Glencairn字樣，應該就不是原廠出品。

　　選用格蘭凱恩杯的理由很簡單，因為這是我於2006年初加入TSMW-TA社團獲贈的社杯，寬廣的杯腹以及較窄的縮口，加上厚實的杯底，不僅造型討喜，而且乍看之下似乎永遠摔不破（順帶一提，我於十數年品飲經驗裡，從來沒摔破過任何一支酒杯）。這種杯型不具有細長的杯梗或圓扁的底盤，不適合紳士淑女優雅端持著漫步聊天，卻最適合在蘇格蘭陰冷的氣候裡，用手掌摀握著杯腹，以手掌心溫度將香氣蒸出，如果伴著壁爐爐火，更能傳遞威士忌的溫暖和熱情。

　　格蘭凱恩杯伴隨著我寫下頭幾年的品飲筆記，其間參加許多酒商或酒友的品酒活動，使用杯具多少有些差異，尤其是各大酒商都有來自原廠的制式酒杯，不過回到家裡、拿出威士忌樣品進行每日的品飲儀式時，桌上擺放的永遠是同一支品酒杯。我執拗的相信，唯有將地點、時間、器具、倒出的酒量甚至心境全數固定下來，才能給予不同的酒款相同的評分標準。這份莫名的堅持，直到ISO杯出現後才被取代。

◈ 我的固執──ISO杯

　　早在1977年，ISO杯便由「國際標準組織」（International Standards Organization, ISO）制定，最初的目地是為葡萄酒的感官分析提供共通使用的標準。其外型被描述為「由拉長的蛋形杯及支撐於底座的杯梗所組成，杯緣開口比凸出的杯腹小以凝聚香氣」（The tasting glass consists of a cup（an "elongated egg"）supported by a stem resting on a base. The opening of the cup is narrower than the convex part so as to concentrate the bouquet）。為什麼是葡萄酒界而不是威士忌界？原因很簡單，因為葡萄酒的品飲文化遠比威士忌悠久，1970年代早已出現各種類型的評比競賽（別忘了讓美國葡萄酒一炮而紅的「巴黎審判」是在1976年舉行）。對葡萄酒而言，不同的酒類各自在歷史長河中發展出外型、內容各異的專用品飲杯，但是當各類型、各產區的酒共聚一堂評比時，若沒有放諸四海皆準的杯型，便缺少一致的標準，因此在幾位葡萄酒專家的共同研究下，ISO 3591於焉制定。

　　ISO杯橫空出世，所以從此所向披靡？倒也沒有，因為葡萄酒界繼續慣用源遠流長的品飲文化，不過大名鼎鼎、制霸葡萄酒界長達數十年的羅伯・派克（Robert Parker，2019年5月宣布退休封筆）卻是ISO杯的愛用者。加拿大的Margaret Cliff[1]博士曾於2001年針對3種杯形進行試驗，並依據杯口直徑與杯高的比例進行香氣強度檢測，結論是ISO杯適用性最廣。類似的研究歷年來不少，如Delwiche and Pelchat（2002）、 Hummel et al.（2003） 以及Russell et al.（2005）等等，有興趣的學究型酒友可以以自行研讀。無論從研究或實際使用上，我相信ISO杯的適用性絕對沒有問題，但要說服葡萄酒的基本教義派則相當困難。

1.Margaret A. Cliff (2001) "Influence of Wine Glass Shape on Perceived Aroma and Colour Intensity in Wines," J. Wine Re-search, V.12, pp.39-46

根據規範，ISO杯的尺寸如圖所示，容量必須為215±10ml.，而且倒入50ml.的酒，液面應剛好在杯腹的最寬處。這個容量對葡萄酒而言是太小了一點，但對威士忌來說又有些過多，不過威士忌並沒有如同葡萄酒那般的文化淵源，在杯具上也缺乏講究，從來沒有為產國、產區或不同桶型、不同泥煤度、不同酒精度發展出不同的專用杯，所以約莫在10年前，ISO杯突然在台灣如風行草偃般大為流行，市面上可蒐集得到許多專為品飲威士忌而製造的ISO杯。

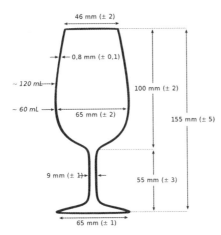

ISO杯的規格尺寸

Glencairn杯

由於ISO杯只是個尺寸規範，並不像格蘭凱恩杯是註冊商標，因此人人都可根據規範製作ISO杯，也因此市面上的ISO杯乍看下形狀相仿，實際使用時又有些出入。為了瞭解各種「ISO杯」是不是真的符合ISO標準，我曾拿總共11支杯來進行檢測，量測數據發表於我的個人部落格（利用Google以「ISO杯」進行搜尋，第一個跳出來的結果便是）。根據前後兩次量測，每一支杯或多或少都不符標準，其中最讓我感到訝異的是容量，即使已經容許10ml的誤差，卻仍只有3/11符合要求。以台灣玻璃器皿的製作工藝水準，不應該出現這些尺寸差異，可能的原因是廠商下單時就沒有嚴格要求。

◈ 不同杯具的差異

雖然我愛用ISO杯，使用ISO杯書寫品飲紀錄也長達10年（甚至還是相同一支），但每家酒廠、每間酒商都各自有各自的堅持，所以也都擁有自己的專用杯，我非刻意收集所得的各樣式品飲杯就不下30餘種。確實，威士忌經由品飲文化的提升，各式杯型不斷被開發、製造和推廣，且根據個人的測試經驗，即使杯型不致影響酒的本質，但於香氣的發展、集中，酒液入口的角度、流向以及進而引發的氣味、強度等等都可能造成影響。便因為如此，某些專家倡議針對不同酒體、強度、產區風格應使用最適宜的杯型，只是何者為優，至今仍眾說紛紜、莫衷一是，大抵仍偏執於個人感官經驗，並無科學論證。

我的個人觀點是，品飲杯毫無疑問的影響香氣表現，因為擴大的杯腹有助於香氣的揮發，而收縮的杯口則可將香氣凝聚集中，當然酒精度的高低對鼻腔的刺激與香氣分子的揮發等，也成為影響因素之一。至於口感是否受到杯型的影響，個人持闕疑態度，甚至懷疑心理層面的影響

大過物理。譬如最常見的理論是，酒液入口的角度、位置與口腔味蕾受器的分布，將導致不同的風味聯想，收縮的杯口將讓酒液集中在舌頭中央部位，而外翻的杯口則會讓酒液開散於全口腔。不過傳統以訛傳訛的觀念裡，酸、甜、苦、鹹和鮮味分布在舌面上不同的位置，但這說法早已被推翻，舌面上約1萬個味蕾，每個味蕾均擁有不同味覺的受器，也因此每個味蕾都可識別所有的味道（請參考＜甜味在舌尖苦味在舌根＞一文）。以酒液touch down的位置決定口感表現，在物理上似乎說不通。

　　舉一個有趣的例子。奧地利著名的玻璃器具設計家克勞斯‧瑞德爾（Claus Riedel），曾利用已被推翻的「味覺分布圖」創造了一只擁有獨特曲線設計的紅酒杯，宣稱可以讓品飲者喝入口中的每一口紅酒都碰觸到最正確的感官位置，以完整傳遞紅酒迷人的滋味。克勞斯於2004年去世後，繼承家業的兒子喬治‧瑞德爾（Georg Riedel）坦承「味覺分布圖」的謬誤，不過酒杯的設計仍沿用至今。

各式各樣的ISO杯

廣口杯On the rock

　　理論上，杯口直徑、杯腹寬和容量為物理影響因子，直接與香氣
的揮發和凝聚有關，酒杯的玻璃厚度、杯梗高度及直徑、杯底盤直徑等
尺寸為心理影響因子，在視覺及觸覺上產生影響。這種種物理及心理因
素，與其他感官組合成我們品飲時的綜合感受，如：

- 容量：

　　容量大小會影響酒與空氣的接觸面積，接觸面積大，香氣分子較容
易揮發，也容易讓品飲者感受，但若容量過大，香氣分子的揮發過快，
又將致使香氣迅速消失而難以仔細分辨。

　　威士忌適當的品飲量通常在15～30ml之間，不過某些珍稀酒款能夠
喝到的量可能更少，因此選擇杯型時必須考慮，建議以10倍數的杯型為

估算依據（10倍數並無任何科學證據，純粹以ISO杯換算）。從另一個角度看，倒入杯中的酒量，無論是威士忌或葡萄酒都不宜太多，必須留下足夠的空間讓酒液與空氣接觸，並讓香氣分子得以發展，個人認為超過1/4的酒杯高度都算太多了。

縮口：

基本上所有以聞香功能導向的品飲杯，其杯口都應該內縮，以便凝聚揮發的香氣分子，讓品飲者更容易察覺。有關縮口的最大型研究，應該是Hummel et al.於2003[2]年利用4種杯型（無縮口的直型、略為外翻的鬱金香型、小杯腹縮口和大杯腹縮口），以紅、白兩種葡萄酒測試近200位一般消費者。結果毫無疑問的，香氣在後兩種杯型最為強烈。更有趣的是，由於測試者矇住眼睛，當他們被詢問有多少種葡萄酒時，大多數人回答2～3種，顯然相同的酒倒入不同杯型，會讓人誤判為不同的酒。

威士忌至今仍未見相似的研究（或者有，但我過於孤陋寡聞），但由於威士忌的酒精度高，若縮口過於狹窄，可能將酒精凝聚過盛而破壞香氣。另一方面，香氣可藉由酒精的揮發而上升，兩者間如何達成平衡，將視品飲者感官的敏感度而定。

高腳杯：

正如前面所說，品飲蘇格蘭威士忌時，傳統上無須擔心碰觸杯腹而讓體溫升高酒液溫度，反而在陰冷的氣候裡，掌心溫度有助於揮發香氣，也因此格蘭凱恩杯是個很恰當的選擇。不過，使用高腳杯可避免在玻璃杯上留下黏膩的指紋手印，視覺上較為賞心悅目，而且手持底盤優雅的輕輕旋轉杯中酒液，瞬間將充滿陽剛氣息的烈酒化作繞指柔（笑）。

2.T Hummel, J F Delwiche, C Schmidt, K-B Hüttenbrink (2003) "Effects of the Form of Glasses on the Perception of Wine Flavors: A Study in Untrained Subjects," Appetite V41, I2, pp. 197-202

高腳杯的杯梗須承受酒杯盛酒的重量，也須負擔抓住底盤搖杯時的產生的離心力，更還有洗淨酒杯後甩清杯中水漬的額外彎矩，因此無法過細。不過越細的杯梗越顯其高雅，當然價錢也越高昂，隨之而來的是破損率也越高，只是這些都與品飲無關，而是在心理層面造成影響。

- 厚度及透明度：

厚等同粗獷，薄便是高貴，這大概是很難爭辯的既定印象，因為厚度越薄的酒杯需要更精緻的工藝來製作，更可能仰賴手工吹製，所以越薄的酒杯越貴，也因此心理上越占優勢。同樣的，酒杯的清晰度或透明度也不致影響香氣及口感，但若玻璃酒杯存在微細氣泡而不夠透明，仍然會在視覺上形成障礙，因此杯體晶瑩剔透的水晶杯，質地通常也較一般玻璃杯堅硬，碰杯時可發出清脆悅耳的響亮聲音，視覺及聽覺上都是享受。

品飲杯千百種，針對不同的酒款選用不同的杯型，確實有無上的賞玩樂趣。但回到品飲一事，我得再次重申，若要建立個人的標準，則選擇一只固定的品酒杯即可。

WHISKY
30

來逛酒展吧！

　　台灣的威士忌酒展大爆發！2019年從北到南的各式酒展，就我記憶所及，便包括了3月份在新竹舉辦的風城威士忌嘉年華、4月的台北國際酒展‧純酒展，8月的台北國際精緻酒展以及在桃園中壢舉辦的Whisky Taste威士忌烈酒品味展、9月於台中的Whisky Select精選威士忌酒展、11月在台北恰逢10週年慶的Whisky LIVE & Bar Show，以及12月份在高雄舉辦的Whiskyfair Takao威士忌嘉年華。除此之外，尚有綜合性的台南國際頂級酒展、茶酒咖啡暨食品展。

　　這麼多的酒展，除了全年度提供各地酒友不一樣的選擇之外，也讓大家逛得頭昏眼花，剛入門的新手更可能見獵心喜的一攤一攤喝，很快的不支倒地而失去酒展的教育目地，所以，該如何選、又該如何逛？

◈ 台灣的威士忌酒展發展史

　　跟隨著全球威士忌產業振興的腳步，台灣的威士忌風潮於進入二十一世紀後逐漸吹起，但是在2009年Whisky LIVE以前，仍處於醞釀期或初升段，主要是由熱情的同好組織品飲社團，藉著內部的分享與討論，慢慢吹動起品飲風氣。這一股「庶民」力量，讓威士忌逐步脫離品味與尊榮的象徵，也影響酒商的行銷方式，他們開始重視一般消費者，為酒友辦起一場接一場的品酒會，慢慢累積爆發的動能。

　　我的運氣不錯，2006年初踏入威士忌領域時，風潮正處於隱而未發

階段，所以有機會跟隨著這陣浪潮，參與並目睹了大爆發的開啟。回想當時努力從網路上搜尋威士忌相關資訊時，已經注意到「國際烈酒展」Whisky LIVE的訊息，雖然不甚理解舉辦的模式，但是對於如此熱鬧的大型品酒盛會感到欣羨不已。

著名的威士忌專業雜誌Whisky Magazine於1999年創刊，隔年便舉辦了Whisky LIVE，雖然剛開始的頭幾年僅限於倫敦和東京兩地，但逐漸往全球擴展，20年後已經開枝散葉到全球五大洲共計31個城市舉辦。為了推廣威士忌，參展的酒廠、酒商端出各類酒款與愛酒人士交流，同時也在展場開設大師講堂，由各酒廠、品牌的經理、大使帶領消費者試酒，參加者除了得以親炙大師風采，也能藉此取得第一手資訊。

台灣為蘇格蘭威士忌重要的出口國，從二十世紀以降進口量不斷增加，很快的擠身全球前五大，自然不可能置身於潮流之外。經由《威士忌雜誌中文版》創辦人的努力推動，並獲得多位業內外達人的通力合作，雜誌的創刊號在2009年4月出版，5月便在台北舉辦了第一屆Whisky LIVE Taipei，成為今日台灣各地酒展蓬勃發展的濫觴。

回頭翻閱當時留下的紀錄，顯然沒有人能預料參加者竟如此踴躍，光排隊進場就得花上大半個鐘頭，每個攤位前人頭鑽動，而台灣特有的PG文化也將會場炒得熱鬧非凡。剛剛踏入威士忌領域的我，當然不放過大好學習機會，很認真的報名參加了Bunnahabhain、Isle of Jura、Balvenie和Yamazaki四場大師講堂課程。可惜從第一堂課開始，便明瞭一個小時的時間太短，場外吵雜的音量太大，加上大師們須顧及參加者的理解能力，只能泛泛而言，無法在細節處多作說明。不過會場裡試過不少今日被視作珍稀的酒款，縱使兩天活動下來有些疲憊，心靈與腦袋的震撼卻久久不散。

⊗ 威士忌酒展的轉型

　　這一場對台灣威士忌界影響絕大的盛會於會後統計，兩天分別湧入4,544和3,874人，十足展現了酒友們的熱情與渴望，也開啟了威士忌至今未減的盛世。自斯以降，全台各地的威士忌社團紛紛成立，每年酒商的品酒會持續不斷，而大大小小的酒展也陸續興辦。只不過一票到底的酒展，總難避免部分心存喝到飽的酒友進場，毫無節制下，或借酒裝瘋，或喝掛後躺坐在牆角人事不省，成為酒展中最讓人厭惡的景況。此外，由於消費者接觸威士忌的管道越來越多，品牌大使或大師也經常性的造訪，加上網路資訊唾手可得，消費者的求知慾望似乎逐漸下滑，酒展裡的大師講堂時常無法報滿，參與人數再難突破，顯然酒展型態必須轉變。

　　分眾是轉型的第一步，針對初入門的消費者，可端出較輕鬆且無負擔的酒款來歡迎他們加入，如純酒展和綜合性酒展；至於已經喝遍美酒的老手，普飲款大概已難產生吸引力，必須拿出壓箱特殊款才能勾引他們參加，這也就是Whisky LIVE於5年之後停辦，但華麗轉身成Whisky Luxe的原因。既稱奢華，便採用提高入場門檻（門票）、限制總人數的策略，當然展商也得配合提供更多珍稀品項。我的金波摩、響35年、格蘭利威1969等經驗，都是拜Whisky Luxe所賜。

　　桃園、新竹、台中、台南等地區性酒展又與台北不同，主要目的在於鼓動更多在地酒友參與，而人潮之踴躍也確實讓人振奮。更特殊的是高雄地區，幾位熱情的達人仿效德國Limburg於2002年開始的Whisky Fair，自2017年始辦起以IB裝瓶廠、代理商、經銷商和私人收藏為主的威士忌嘉年華Whiskyfair Takao，盡量減少一般酒展常見的免費酒款，而多採用賣單杯的付費品飲方式。展場除了可以找到夢幻逸品，策展人更鼓勵參加者不必現場喝，而是裝入分享瓶帶回或乾脆整瓶買走，同好間藉此互通有無，每一屆都吸引大量香港、澳門及東南亞地區的酒友參與。此

外，由於消費者市場持續變化，近幾年輕鬆易飲的調酒越來越受年輕人的喜愛，連帶著酒展也須搭上調酒時尚列車。Whisky LIVE於2016年以「台北國際烈酒展暨調酒展」的面貌捲土重來，2019年更區隔出「深度品酩區」，提供老手更深更廣的酒款。

從2009年起算，台灣的威士忌酒展已經越過10年分水嶺，接下來將出現什麼樣的風景無從預測。不過儘管世事多變，消費者與酒廠、酒商持續互動摸索越來越豐富多元的口味喜好，如何將這股熱情延續，並擴展我們的知識影響力，有待新舊世代共同思考。

◇ 我的酒展求生術

身處威士忌風潮十數載，每年總要參加好幾場威士忌酒展，看過、聽聞過也討論過各種酒展軼聞，如何在酒展中不致迷失，我的個人經驗或可提供酒友們參考：

1. 擬定攻擊策略：

每一場酒展於開展前，大多會公佈參與的酒廠、酒商名稱，通常也會釋放出部分參展的酒款，時常也包括為酒展而作的特殊裝瓶，這一切，都是酒友們進入展場前，必須先研究的功課。原因很簡單，你不可能喝盡會場裡展出的每一款酒，所以必須仔細選擇，如果目地是藉酒展獲得新知識，那麼更不能放過講堂。總之，若完全不做功課的盲目進場，那麼後果可能是躺臥在牆角承受眾人鄙夷的眼光。

2. 善用吐桶：

酒展充滿誘惑，各攤位前身材姣好的PG端著酒，以最嫵媚的笑容希

Whisky Live 10週年排隊人潮

Whisky Live 10週年講堂

望你拿一杯；熟識的品牌大使熱情招呼，一定要到攤位試試剛到港的新酒款；起鬨的損友唱起生日快樂歌，強迫你拉5秒、10秒的酒嘴，在這種多重刺激下，請問你的酒量有多少？身體有沒有發出警訊？而喝了前幾輪的酒之後，接下來的酒你還能辨別得出風味嗎？假如酒友的酒量和我一般差勁，那麼最好的方法，便是嘗試過香氣和口感之後，將剩餘的酒吐出來，儘可能減少酒精攝取量。吐桶是葡萄酒品飲場合一定會出現的重要器具，但是在烈酒展卻十分罕見，呼籲酒廠、酒商或主辦單位在裝置攤位時，別忘了準備一、兩個吐桶。

3. 別想要喝盡一切：

選定了想嘗試的酒款，也儘可能的減少酒精攝取量，但是在現場歡樂氣氛下，情況不一定能控制。但是請酒友們理解，展場內試喝的酒款數百種，即便每一款都只淺嚐個幾cc，加總起來也絕非人體所能承受，況且部分限量酒款可能是所有酒友鎖定的目標，在情緒高漲下，再好的酒可能也無從分辨。因此「喝盡一切」不是想不想的問題，而是不可能，不如以體驗為最大目地，盡情享受展場的氣氛。假如果展場允許購買樣品，那麼最好在背包裡準備多個樣品瓶，帶回去再細細品酌。

4. 打開心胸：

每一次參加酒展，總會發現某些從未見過的酒款，或來自其他國家，又或是未曾聽過的工藝酒廠、裝瓶廠，甚至代理商、菸酒專的個人裝瓶，驚訝之餘，切莫放棄機會放膽一試。沒錯，酒友目光的焦點總是那些萬眾矚目的珍稀酒款，但這類酒款量少價昂，並非人人都有機會嘗試，況且酒展的目的，不就是讓參加者挖掘平時不容易見到的奇珍異寶嗎？所以請將心胸打開、眼界放寬，說不定在門前冷落車馬稀的某個攤位上，發現了你曖曖內含光的畢生至愛。

5. 專注於威士忌：

　　身為威士忌品飲基本教義派的我，最愛單純的酒展，單純到只需要威士忌和知識交流，無須其他聲光娛樂，甚至曾大聲疾呼不要再聘請PG了，但展商置若罔聞。好啦，我是極端了一點，不過既然是酒展，那麼唯一的焦點就應該是酒，所謂內行看門道、外行看熱鬧，展商們使盡渾身解數來吸引消費者勢屬必然，參加者如何維持心無二念則在修行。我最不能接受的是展場裡販售味道濃烈的食品，雖然酒喝多了會感覺腹中空虛，但燒烤、油炸或鮮香奶油的食物都會破壞我們的嗅覺；另外，進展場絕禁噴香水是基本禮儀。

6. 認識新朋友：

　　在我十多年的威士忌旅程裡，朋友的情誼永遠大於酒，而真正的威士忌愛好者通常都有一顆樂於接納、分享的心胸，只要一杯在手談論起威士忌來，便稱兄道弟的逸興遄飛。況且現代人習於利用社群媒體交朋友，常常見面不識，酒展便提供一個網友相認的絕佳平台。我常見展場裡許多酒友從背包裡掏出一瓶酒來，一定要你試一試，這些無關乎身分地位、階級收入的交情，絕對是威士忌帶來的最大收穫。

7. 保持清醒：

　　這是我重複再重複、提醒再提醒的要點，就算喝酒很時尚很酷，喝醉了只剩下一灘爛泥。展場裡請多喝水，保持清醒，才能有意義的去認識朋友和認識酒。

　　以上，各位酒友們，請保持一顆愉悅、開放且清醒的心，去享受酒展裡的一切。多聊天、多拓展知識，萬勿乾杯買醉。威士忌的天地廣大，希望你進入展場不虛此行，如果遇見我，打個招呼，讓我們互相敲敲杯，喊一聲Slainte Mhath！

PG是台灣酒展的特色，也是炒熱現場氣氛的亮點

筆者（右）與秩父酒廠的創辦人肥土伊知郎合影於Wxhisky LIVE 2019

筆者在深圳參加的品酒會

WHISKY
31

如何參加品酒會

　　前些時候讀到一小段來自對岸的訪談紀錄，對象是《威士忌聖經》的作者吉姆·莫瑞：

　　問：對於初學者來說，您會推薦什麼入門威士忌？

　　答：所謂推薦初學者入門威士忌之類的話根本是扯淡。打個比方，如果有人告訴你他從來沒有看過舞台劇，難道你會把他領到學校去看一下校園劇？難道不應該是直接帶他去百老匯嗎？威士忌也是如此，對待那些初學者就應該如同普通酒客一樣，好的威士忌無論誰喝都是好的。

　　所謂引喻失義，這段訪談作了完美示範。先不說舞台劇與威士忌基本上是不同的感官體驗，如果不瞭解為什麼你的朋友從來沒有觀賞舞台劇（品飲威士忌）的經驗，貿然帶他去百老匯或給他一杯你心目中的最佳威士忌，結果只有兩種：喜歡或不喜歡，如果是後者，那麼便失去了引介的目的。

◈ 學習品飲的大好機會

　　各國法律規定不一，不過都嚴禁非成年人喝酒，所以沒有人天生會喝酒，也所以喝酒是必須學習的。如何學習有許多方法，最糟糕的莫過於宴酬場合酒到杯乾的比酒膽、拚酒量，搞壞身體不說，攝取的也只剩下酒精，而且很可能從此視酒為毒蛇猛獸。正確的方式譬如參加品酒團體，用以結交志同道合的夥伴一同分享交流，或是參與每年各地舉辦的

酒展，可藉此開拓視野、增廣見聞。但由於酒款百百種，如果只是東挑西撿的喝，若非有功力非凡的同好在側，否則聽到的常常只是酒酣耳熱中的八卦耳語，而相關知識也只是街頭巷議或道聽塗說。因此若想系統性的學習，最佳途徑便是參加品酒會。

酒商需要廣宣酒款，經年累月的舉辦品酒會，而各地社團為了維持社員參與和向心力，也經常舉辦品酒會，加上部分酒專及酒吧的行銷需求，台灣每年不同屬性的品酒會高達上千場次，或免費，或收取相對低廉的費用，絕對是酒友不可錯失的練功機會。與酒展中「大師講堂」不同的是，一般品酒會的時間較長，參加人數較少，且舉辦地點多屬私人空間，可完全排除外界干擾，因此可完整接收主辦者想傳達的理念。至於參加者，除了能藉此體驗各種不同類型，或因價高而不易開瓶的酒款之外，也可直接與品牌行銷大使對談並詢問相關問題，可謂一舉數得。

大師見面品酒會：兩位Dave

◈ 品酒會有哪些類型？

如果酒友們以為參加品酒會不過就是報名、繳費而後輕身赴會，可能又太大意了些，仍有幾件事得好好思量。首先，到底哪一種品酒會較適合參加？正如前所言，酒廠、酒商、酒專或品酒社團都經常性的舉辦品酒會，不過品酒會型式五花八門，初入門者可能不察，我依個人經驗歸納為以下5種類型，各類型也可能相互穿插：

1. 以新酒款為主：

酒廠或裝瓶商每年都會釋出不少新酒款，為了行銷需求，多半以舉辦品酒會方式來進行宣傳，但對象不一，或是媒體記者，或廣邀達人，但也時常針對一般消費者。品酒會焦點當然是新酒款，不過通常也會提供其他酒款做鋪陳、搭配、比較，甚至可能喝到非市售產品，如剛蒸餾出來的新酒，或仍在熟陳中尚未裝瓶的實驗性酒款，因此酒友們千萬不可放過此種機會。

2. 以酒廠為主：

國內的酒商、代理商經常性的為百年老酒廠或新興酒廠舉辦品酒會，用以擴展及開拓市場。這種品酒會的酒款多為酒廠的垂直品飲，提供一系列從年輕到老不同酒齡的酒，或是熟陳於不同的橡木桶，以及過桶、換桶等特殊處理的酒，用以宣揚酒廠風格。我極度鼓勵初學者參加類似的品酒會，因為這是認識酒廠及風格最簡單、直接的方式，若從國外請來講師或品牌大使更不應該放過，可藉此獲得第一手內幕資料。

3. 以知識傳遞為主：

上述兩種品酒會以酒為主，講述的內容通常僅及於酒款、酒廠相關，又或者是裝瓶廠。不過國內許多品酒社團的例行品酒會，因無須考

量商商利益，得以打破框架而著眼於知識傳播。這類型的品酒會由研究通透的達人主講，針對主題——如橡木桶、泥煤、原料、蒸餾方法、冷凝方式、熟陳環境、品飲、感官等——進行深入探討，並以來自不同的酒廠、裝瓶商所製作裝瓶的酒為例證，讓參加者思考並討論。雖然類似的品酒會並不適合所有酒友，但如果想深一層的了解酒款背後的一切，那麼，老話一句，萬勿放過報名機會，因為酒款來源有限，此類品酒會不太可能重複多辦，結束即成絕響。

4. 餐酒會：

酒精度高、刺激性強，且風味獨特的威士忌，於我而言很難做餐酒搭配，不過某些酒商每隔一陣子總會做些嘗試。他們與餐廳合作，在主廚或美食專家的建議下，從開胃小菜、中西主餐到甜點，或以酒入菜，或以餐搭酒，利用各種食材和料理手法，費盡巧思讓酒與食相互烘托。這種品酒會，毋寧說是感官的冒險之旅，酒友們如果想體驗、享受多重威士忌風味，不妨留意快搶！

5. 以銷售為主：

酒商最常也最樂意舉辦的品酒會，時常以餐飲方式舉行，就在酒酣耳熱、賓主盡歡下達到銷售目標。不過我不建議威士忌的愛好者參加類似宴席，尤其是立志追尋、拓展威士忌知識的酒友們，在這種場合應該聽不到你們想瞭解的一切。

汀士頓餐酒會——以酒搭餐的體驗

酒心切點比較——以知識討論為主的品酒會

◈ 參加品酒會的準備和注意事項

　　當菜鳥抱持著雀躍、但又戰戰兢兢的心情，或老鳥們一味司空見
慣、上門踢館的冷靜自持參加品酒會時，生理或心理仍需要做些準備，
會前、會中也有些事項必須注意：

不要抽菸：

某些酒友都是癮君子，甚至好幾位我們熟悉的大師也是，不過抽菸絕對會影響或破壞我們的嗅覺和味覺。酒友們在尚未成為大師之前，如果想認真體驗酒款裡的香氣和口感，那麼在品酒會前、會中千萬不要抽菸。另一方面，請務必考慮、顧及其他不抽菸的參加者，因為許多人對菸味是非常敏感的，癮君子身上沾染的菸味通常無法短時間去除，滿身菸臭的進入會場是非常不禮貌的行為。至於某些嗜好雪茄的茄友，或許雪茄配上某幾種威士忌可融合出絕佳風味，但同樣的，就算搭配得再好，也已經不是酒款本身的風味了。

不要擦香水、古龍水：

這是品酒會大忌，打扮光鮮亮麗的紳士淑女灑上些許香水或古龍水，在正式場合符合社交禮儀，但帶入品酒會場，禮貌的人或許只是翻白眼，嚴重一些則直接驅離。除了香水、古龍水，味道稍重一些的香皂、洗髮精或護膚乳液、粉妝等等都必須避免，這些味道可能自己完全無感，但是出門前還是請身邊的人幫忙檢查一下。

不要吃味道重的食物：

和香菸一樣，食物通常也會影響我們的嗅覺和味覺，就算吃過了好一陣子，殘存於口腔黏膜上的酵素與威士忌混合後，將產生很不一樣的風味。這種特殊風味如果是正向發展，那麼也算是好的酒食搭配，不過如同雪茄，即便絕妙，依舊不是單純的酒款風味。雖說如此，許多品酒會都會精心安排小點心，作為酒以外的另一重體驗，但酒友儘可能的先以酒為主，聞香時尤其要遠離食物。我個人通常只要身邊有無法隔離的食物香氣，就只能放棄記錄，因為一定不準。

- 不要飲用其他酒類：

不是怕混酒易醉，而是與前面的情況相同，恐將影響嗅覺和味覺。

- 絕對不要喝醉：

品酒會少則4、5款酒，多則十數款，某些酒款可能還無限量供應，酒友們千萬不要見獵心喜的拚命喝。請謹記，參加品酒會的目地絕對不是喝到飽，而是藉由嘗試平日不容易喝到的酒款，擴展自我的感官視野，同時也與品牌講師和酒友交流討論。所以須評估自我的酒量，喝不完不要勉強，若能徵得主辦人同意，裝入樣品瓶攜回慢慢品飲是個好方法。

- 必要時吐到吐桶：

不要喝醉的另一個方法是不要喝下肚，只需在口腔內迴繞，感受並記錄口感後吐掉。這種在葡萄酒界行之有年的方式，在烈酒界卻極其罕見，主要差異是烈酒的量較少，不喝進去也不容易感受尾韻發展。我參加過無數次的品酒會，桌上擺放吐桶者少之又少，但假若不想浪費身體的酒精耐受量，建議清空一杯酒之後，可將不想吞下肚的酒吐到空杯裡。

- 不要加冰塊：

我們到酒吧喝酒，最簡單的方式可能就是whisky on the rock，由於加冰塊（或水）可以降低酒精度，讓烈酒不致太過刺激嗆口，因此可減少消費者的防禦心。不過這種方式同樣違背了品酒會的目地，我們希望喝到的是調酒師精心調製的作品，不是為了順口易飲，但試過香氣和口感後，不妨加入一、二滴水，去掌握香氣舒展後另一重的體驗。

◦ 多喝水：

我們都有相同的經驗，酒喝多了便開始感覺口渴，原因是酒精進入人體之後，迅速進入血液循環，擴張身體表面以及肺部的微血管，加速水分蒸散，同時也進入腎臟導致利尿，因此大腦釋放出訊號，要求我們補充水分。一般的品酒會都會提供飲水，除了以上的原因之外，也可以在不同酒款之間清洗口中殘留的味道，因此酒友們在會場裡別忘了多喝水。

◦ 多分享交流：

針對同樣的酒款，無論是台上的主講者或是台下的參加者，每個人都有自我的感官判釋，互相交流彼此的看法，可藉此打開個人的感官視野，發現許多從來沒察覺的微妙滋味。所以不要畏懼發言，請分享你個人的感受，而且也必須了解，這種分享並非對主講人或其他參加者的不敬，而是回饋，讓參加者都能盡興而歸。

◦ 多舉手發問：

主講人在台上唱獨腳戲是相當寂寞的，所以一般的品酒會都會鼓勵發問，對參加者而言，除了酒，更是希望能對平日百思不得其解的疑惑得到解答，所以會場裡請仔細聆聽，遇不懂趕快舉手，千萬不要害怕把身經百戰的主講人問倒，況且問倒對雙方都有益處。

◈ 飛向宇宙，浩瀚無垠

我的人生第一場品酒會，是2005年底TSMWTA的社員大會，嚴格說來並不算正式，不過在威士忌風潮興起前，幾乎沒有任何酒商為一般消費者辦品酒會，也因此同好間的交流活動成為主要選項。記得當時首度

與那些網路上的活躍人物見面，誠惶誠恐又惴慄不安，而且品飲時還被點名發表感想，心情的忐忑各位可想而知。但自從踏出了那重要一步，從此邁向斜槓人生的不歸路，所以我有充分的資格鼓勵有志探索威士忌國度的朋友們，請盡量參加品酒會，就算人生不致如我一般大翻轉，但可藉此認識形形色色的朋友，也多了一項可豐富生命的興趣。

最後，有關那一則詢問吉姆・莫瑞的問題，我會如此回答：與其推薦入門酒款，不如建議儘可能的參加品酒會，利用各類型的酒款探索、打開自我的感官。喔，對了，還有一件注意事項，請丟掉你們手中的《威士忌聖經》，因為那本書作商業用途是好的，但遠遠比不上你自己的感受。

WHISKY
32

辦一場品酒會

　　各位酒友們，謝謝你們跟隨著我的步履，翻轉了對於威士忌的印象，也提升了自我的感官體驗。當你們逛遍了台灣或世界各地大大小小的酒展，也參加過許多大師講堂或品酒會，看著台上的品牌大使或講師侃侃而談，述說著酒廠的歷史、製程並帶領聽眾品飲酒中風味時，潛意識裡有沒有一股豪情悄悄滋生？這股豪情，就如同當年項羽看到秦始皇游會稽渡浙江的盛況時，衝口而出的「彼可取而代之」，恭喜你，你已經踏上威士忌旅程的不歸路。

　　我約莫於認識威士忌一年後，初試啼聲辦了一場只有5人、非常小型的品酒會。與其說是品酒會，毋寧說是分享，因為對象只是（我以為）對威士忌有興趣的同事們，所以準備了4款具有強力衝擊力道的拉弗格，私心想藉此打開宅男同事的視野，拓展參加者的感官。我的意圖完全失敗，眾人各試了一些之後，便開始聊起與酒風馬牛不相及的辦公室八卦，原因就如大家所知，泥煤威士忌一向讓人愛之或者恨之，不知道這一次的嘗試是否在同事心中留下陰影？總之，從此無人再提。

　　在所有蒸餾烈酒中，威士忌卓然獨立，具有最複雜、特殊的風味，也因此每個人都各自擁有一座自我喜好的威士忌斷背山，或清雅恬淡充滿花果甜香，或壯碩豪邁繚繞著煙燻海風，與品飲者的個性相互映照並深沉對話。但一心想把自我的喜好分享與他人，不一定能觸發共鳴，這便是我的初體驗不成功的原因之一。

　　即便如此，憑藉著出生之犢的愚勇，我於2007年9月舉辦了人生中第一場真正的品酒會，對象是TSMWTA的社員，主題為波摩，我將焦點集中在當時還沒有多少人注意，卻是我揮之不去的夢魘－肥皂味。根據前輩姚和成的側面觀察，我在講說時略嫌緊張，肢體有些僵硬，建議我站上講台前喝點酒會有幫助；我自我感覺確實沒那麼良好，除了必須克服內向納言的老毛病，許多事先想好的橋段一時都忘記，結束後反省良久，懊惱不已。

　　自此以後，我辦過了不知凡幾的品酒會，資料也從單薄的一、二張紙進步到製作精美的ppt，表面上自信從容，上台前依舊緊張的準備，幸好越來越輕鬆自在，讓我事後懊惱的事項也越來越少。在十多年來的經歷中，對象或初學者或專精人士，形式或嚴肅或輕鬆，巧妙皆有不同，目的在於鼓動台上與台下的交流，除了分享酒中滋味，更能傳遞品酒會的主題觀念。為了達到這個重要目的，以下幾點或可提供給有心舉辦品酒會的酒友們參考：

◈ 品酒會的對象和主題

1. 對象

　　對於初次舉辦品酒會的酒友，參加者的來源可能比較有限，或是親朋好友或是社團成員；對於已經舉辦過多次的老手，那麼對象可能較為廣泛，包括認識的酒友和未曾謀面的網友。無論如何，品酒會不一定能夠挑選或篩選對象，但假若能夠事先做些條件限制，譬如限初學者或是2年以上的品飲經驗者參加，那麼準備講述內容將較為容易。

　　我時常參加某些品酒會，台上講師由於並不明瞭參加者的背景，只

好從開天闢地、宇宙洪荒開始講起，這種情況最常發生在酒展中的大師講堂，老手如果想得到更多收穫，必須勇敢舉手發問或會後再趨前詢問了。

2. 主題

每一場品酒會應該都有設定的主題，沒有主題的品酒會只是純粹的分享。若以交流學習為目地，那麼主題極其重要，也將影響報名者的興趣。歷年來我曾參加過及舉辦過的品酒會主題繁多，但大抵可分為以下數種：

（1）以酒廠為主的垂直品飲：

這是最簡單的主題，也是酒廠、酒公司最常舉辦的品酒會型式。選定某間酒廠後，選擇不同酒齡/年分的酒，可能在不同的桶型中熟成，也可能泥煤/無泥煤並列，更可以選擇OB及IB的裝瓶，其最終目的，便是藉由品酒會深入瞭解酒廠，探討酒廠的風格以及風格來源。以蘇格蘭而言，目前營運中的酒廠總數已經超過126間，其中大酒廠的裝瓶易找易辦，小酒廠的裝瓶罕見難覓，可考驗主辦人的找酒眼光和能力。

（2）產區／產國：

目光焦點從酒廠擴大到產區，如蘇格蘭的五大地理分區，包括高地、低地、斯貝賽、艾雷島和坎貝爾鎮，或甚至擴大到產國，如愛爾蘭、美國、日本、加拿大等舊世界五大產國，或是台灣、印度、瑞典、澳洲、英格蘭等新世界產國。不過由於地域範圍遼闊、酒款眾多也相對易找，但要如何選擇具有代表性的酒款，主辦人必須仔細思量。

（3）桶型：

主要以過去曾使用過的酒種來區分，最常見的便是雪莉桶與波本

桶，不過雪莉桶又可依據雪莉酒的種類細分如Fino、Amontillado、Oloroso、PX等等，而波本桶也可能來自不同酒廠或採用不同的燒烤程度。至於其他的橡木桶，如葡萄酒桶、蘭姆酒桶、波特酒桶、馬德拉酒桶等，也都熟成出不同的風味，甚或針對不同酒莊的酒種製作方法進一步的追究，而且除了全程在相同的橡木桶內熟陳，還有各種過桶處理的技巧，彼此搭配研究都相當有趣。

（4）酒齡／年分：

垂直品飲指的是酒齡上的差別，不過若以相同的酒齡/年分來選酒，同樣可以碰撞出相互較量的火花。舉例而言，相同的酒齡但在不同時間點所作的裝瓶，可以探討酒廠製作原料、方式或橡木桶使用上的差異；相同酒齡但是由不同的裝瓶廠推出的裝瓶，也可藉此了解IB廠的選酒精神。此外，若能收集不同年分Vintage的酒來做水平品飲，會是另一番趣味，只不過難度相對提高。

（5）製作方式：

最簡單的選擇莫過於蒸餾次數，如普遍的2次、3次，以及較不普遍的2.5次及2.81，其他可能的差異來自穀物（麥芽、未發芽大麥、玉米、小麥、裸麥……）、泥煤麥芽的泥煤來源、酵母菌種、冷凝方式（殼管式或蟲桶、銅製或不鏽鋼製）、橡木桶的尺寸等等，都可以相互比較。

（6）酒種：

根據各國威士忌法規，威士忌可區分為不同的種類，譬如蘇格蘭的單一麥芽、單一穀物、調和麥芽、調和穀物以及調和式等5種，愛爾蘭的壺式蒸餾、麥芽、穀物和調和式等4種，美國主要的波本、裸麥、小麥、麥芽及裸麥芽威士忌，或是加拿大的穀物、麥芽及糖蜜烈酒，都適合單獨作為主題或對照比較。

（7）其他：

以上的主題大概涵蓋了9成以上的品酒會題目，但除此以外，如果找得到適宜的酒款，仍有許多主題值得嘗試，如跨界的酒食搭配、威士忌與雪茄、電影、音樂等。我曾以橡木桶的烘烤程度辦過品酒會，也曾想辦幾個研究所的題目如「帝亞吉歐酒廠新酒風格大解析」、「冷凝過濾vs非冷凝過濾」、「入桶酒精度的差異比較」、「酒心切點的差異比較」，不過直到目前都無法取得適當的酒款，只得暫且擱置。

◈ 品酒會的酒款與品飲順序

1. 酒款及數量

品酒會選擇的酒款必須根據主題決定，不過其他必須考慮的因素包括費用和品酒會時間。費用牽涉是否營利的問題，假若與酒商、酒公司合作，酒款由合作廠商提供，費用大致由廠商決定；至於私人辦理的品酒會，例如對象為品飲社團，那麼費用由參加者均攤較為合理，此時必須計算成本，忍痛捨棄過於昂貴的酒款。

另外，到底該準備幾款酒則與舉辦時間息息相關。依據我的個人經驗，假若品酒會時間僅有1個小時，4款酒以上已經顯得倉促，無論是主講者或參加者都須快馬加鞭的趕進度；若品酒會時間延長至2～3個小時，那麼步調可以放緩一些，但6～8款酒應該也是上限。事實上，一場品酒會喝下8款酒，即便每一款15ml，也在短時間內喝下120ml的高酒精度酒液，雖然對一般人而言已經過量，但對於久經訓練的老手，還足以保持清醒的返家。

2. 品飲順序和節奏

一般而言，酒款的安排順序包括酒齡從年輕到老，酒體由輕而重，不過這兩者之間或有些衝突，例如年輕的酒濃烈強壯，老酒溫和優雅，可能就違反了以上原則。為了讓品飲者仔細分辨每一支酒的奧妙，主辦人必須調整、掌控品飲節奏，必要時中場休息個10分鐘，讓參加者得以滌清感官，重新開始。

酒齡從年輕到老大致可以理解，但何謂酒體由輕而重？簡單來講，一系列酒款中風味較為清淡、優雅、細緻的酒，順序必須安排在前，以免被較重口味的風格所掩蓋，也因此重雪莉、重泥煤和酒精強度較高的酒應該盡量安排在後方。此外，年輕的酒坦率直接，層次轉折變化不多，而老酒需要多花時間仔細體驗，主辦人在現場的節奏掌控上必須好好思考。

3. 品飲時間

我必須坦白承認，近幾年來已經極少參加酒展中的大師講堂，不是求知慾下滑，而是講堂的時間太短，頂多1個小時內須嚐遍4～6款酒，扣除掉講師的講述時間，每一款酒只分配到短短幾分鐘，無法完全體驗酒中風味，更來不及寫下紀錄。除此之外，由於時間過於短促，台上講者與台下酒友缺乏交流，講堂成為單方向的講述和傳播。

如何訂定合理的品飲時間？依我的經驗，每一支酒都應該給予約10分鐘的時間，才能充份認識其香氣口感特色，同時也留下紀錄供日後回味。此外，主辦人於掌控時間時，還必須計入彼此討論的部分，品酒會不是單一方向的傳播或表演，更不是佈道大會，每一位參加者都擁有獨特的觀點和感受，講師或主辦人必須預留時間，鼓勵大家盡情討論和發問，這才是我心目中一場盡興的品酒會。

◈ 品酒會須注意的其他細節

1. 舉辦地點

品酒會少則10人以下，多則上百人，若非與酒商、酒公司合作，場地的選擇從來就不是一件容易的事。對於如我這般的基本教義派，最好的場地就該如同教室一樣單純即可，以便讓參加者專心品飲，不過不是每一位酒友都和我一樣孤僻，況且對外開放出租的教室也不多，因此可選擇酒吧、啤酒館、咖啡廳或餐廳這類不會拒絕飲用烈酒的場地，但必須考慮的環境因素包括：

（1）獨立空間：

一般人喝下烈酒後，不自覺的會將講話聲量放大，或七嘴八舌的討論爭辯，此時便凸顯獨立空間的重要性。若缺少物理區隔，免不了干擾他人，同樣的，他人的聊天或來往走動也會干擾講述和討論，因此在選擇適當的場地時，獨立空間是第一要務。

（2）減少氣味影響：

餐廳的烹煮食物香氣或是咖啡館、雪茄館飄散的咖啡、雪茄芬芳，對於享用的客人而言是極其迷人的氣味，但是卻破壞了威士忌的聞香樂趣。屢試不爽的，每當身邊有食物，我的紀錄都和回家獨自品飲的風味有差異極大，這也便是餐酒會時，一般都在用餐前先講解酒，否則無法擺脫食物對香氣的干擾。

2. 道具

酒杯、水、無雜味的麵包或餅乾、記錄紙筆、投影及影音設備等，大概都是品酒會現場必備的道具：

（1）酒杯與杯蓋：

酒商的品酒會通常都會事先準備專用品酒杯，但若是私人品酒會，則可能需要參加者自行攜帶，以6款酒估計，至少需要3只，避免手忙腳亂的重複清洗使用。此外，酒商的品酒會通常將用酒先倒入杯中，等參加者開始品飲，酒在杯裡已經存放半小時以上，此時有無杯蓋至關緊要，若無，香氣可能已散去大半。至於私人或社團舉辦的品酒會，可將酒傳下去由參加者自行倒酒，杯蓋可有可無。

（2）水：

品飲需要多喝水，除了解渴，也可滴入酒中來產生風味變化，更必須用來清洗上一杯酒殘留在口中的氣味，因此如何選擇用水至為重要，應以無色無味的蒸餾水為基本原則。

（3）麵包或餅乾：

目的在於清洗口腔中的雜味，因此以不添加任何調味、乾果或果仁的全麥麵包、長棍麵包或無鹽味的蘇打餅乾為佳。

（4）記錄紙筆：

為了鼓勵參加者留下自己的品飲紀錄，品酒桌上至少需準備記錄紙，貼心一些還可準備筆，讓品飲者找不到不記錄的藉口。

（5）投影及影音設備：

雖然可有可無，不過我個人習慣製作簡報檔來輔助說明，因此會場是否具備相關設施十分重要，且這些設施是否運作正常也需檢查，我曾經遇見的小事件不少，或多或少都會影響講述心理。

3. 會前提醒

　　品酒會的公告需要提醒參加者，除了必須達到法定飲酒年齡、謝絕孕婦參加，以及安全性警語「開車不喝酒，喝酒不開車」之外，另外還包括不要噴灑濃烈的香水、不要吃口感重的刺激性食物等，合乎法規、安全並遵循品酒禮儀。

高原騎士酒廠的品飲會

酒徒之書

喝懂、喝對！威士忌老饕的敢言筆記

作者	邱德夫
主編	莊樹穎
書籍設計	賴佳韋工作室
設計協力	周昀叡
行銷企劃	洪于茹
出版者	寫樂文化有限公司
創辦人	韓嵩齡、詹仁雄
發行人 兼總編輯	韓嵩齡
發行業務	蕭星貞
發行地址	106 台北市大安區光復南路202號10樓之5
電話	(02) 6617-5759
傳真	(02) 2772-2651
讀者服務信箱	soulerbook@gmail.com
總經銷	時報文化出版企業股份有限公司
公司地址	台北市和平西路三段240號5樓
電話	(02) 2306-6600

國家圖書館出版品
預行編目（CIP）資料

酒徒之書 / 邱德夫著. -- 第一版
-- 臺北市：寫樂文化, 2020.09
　面；　公分
ISBN 978-986-98996-3-5（平裝）

1.威士忌酒 2.酒業 3.品酒
463.834　　109012521

第一版第一刷 2020年9月4日
第一版第七刷 2023年11月20日
ISBN 978-986-98996-3-5